Dirk A. Diehl

Ein Garten für Fledermäuse

Gedruckt auf
100% Recyclingpapier

Dirk A. Diehl

Ein Garten für Fledermäuse

Lebensräume schaffen im naturnahen Garten

Beobachten • Gestalten • Bauen

illustriert von Margret Schneevoigt

pala verlag

Inhalt

Liebe Leserin, lieber Leser!

Seit jeher machen sich die Menschen besondere Gedanken über die Fledermäuse. Die Tiere galten als Götterboten oder Teufelsboten. Ihren in alten Zeiten unerklärlichen Fähigkeiten wurde magische Kraft zugeschrieben, was sie vielerorts zur Zutat von Zaubertränken machte. Obwohl die moderne Wissenschaft heute viele der Fähigkeiten von Fledermäusen erklären kann, haben die Tiere nur wenig von ihrer Faszination eingebüßt. Und sie brauchen unser Interesse auch: Fledermäuse sind für ihr Überleben auf das Wohlwollen der Menschen angewiesen. Aus diesem Grund entstand dieses Buch, in dem besonders auf Gärten als Aufenthaltsorte von Fledermäusen eingegangen wird. Der Garten scheint bei der Vielzahl der Veröffentlichungen über Fledermausschutz ein wenig unterrepräsentiert – obwohl gerade dort viele Menschen selbst Einfluss nehmen und die Zukunft der Fledermäuse mitgestalten können.

Fledermäuse – einzigartige Geschöpfe mit einzigartigen Lebensweisen

Im Mittelalter zählte die Wissenschaft die Fledermäuse zu den Vögeln. Kritik an dieser Vorstellung gab es erst im späten Mittelalter. So äußerte der Naturforscher Konrad Geßner in seinem Vogelbuch Zweifel an der Zugehörigkeit der Fledermäuse zu den Vögeln, da sie wie alle Säugetiere ein Fell besitzen. Damals musste man abweichende Meinungen vorsichtig formulieren, denn man konnte mehr verlieren als nur das Ansehen bei den Kollegen. Heute ist die Zugehörigkeit der Fledermäuse zu den Säugetieren unstrittig. Für Säugetiere typische Eigenschaften wie die Behaarung des Körpers, das Gebären lebender Junge und deren Versorgung mit Milch aus spezialisierten Drüsen belegen dies.

Fledermäuse zählen zu den Fledertieren *(Chiroptera)*, einer Säugetierordnung, die sich vermutlich aus kleinen Insektenfressern – ähnlich den heutigen Spitzmäusen – entwickelt hat. Die Ordnung der Fledertiere wird in die ausschließlich tropisch und subtropisch verbreiteten Großfledertiere *(Megachiroptera)* – auch Flughunde genannt – und die von den Tropen bis zum Polarkreis auftretenden Kleinfledertiere *(Microchiroptera)* – auch Fledermäuse genannt – unterteilt. Derzeit sind rund 1400 Arten von Fledertieren beschrieben, wobei nach wie vor neue Arten entdeckt werden – auch in Europa.

Die Größe der Tiere variiert beträchtlich. Das kleinste Fledertier ist die Hummelfledermaus *(Craseonycteris thonglongyai)* mit etwa 9 Zentimeter Flügelspannweite und etwa 3 Gramm Gewicht. Den Größenrekord hält wohl der Kalong *(Pteropus vampyrus)* mit einer Flügelspannweite von rund 1,7 Meter und etwa 1 Kilogramm Gewicht. Vom Goldkronen-Flughund *(Acerodon jubatus)* sind ähnliche Flügelspannweiten und bis zu 1,2 Kilogramm Gewicht bekannt, auch der Indische Riesenflughund *(Pteropus giganteus)* erreicht ähnliche Dimensionen. In Mitteleuropa sind die kleinsten Fledermausarten 4 bis 5 Gramm schwer und haben Flügelspannweiten von knapp 20 Zentimetern. Mit

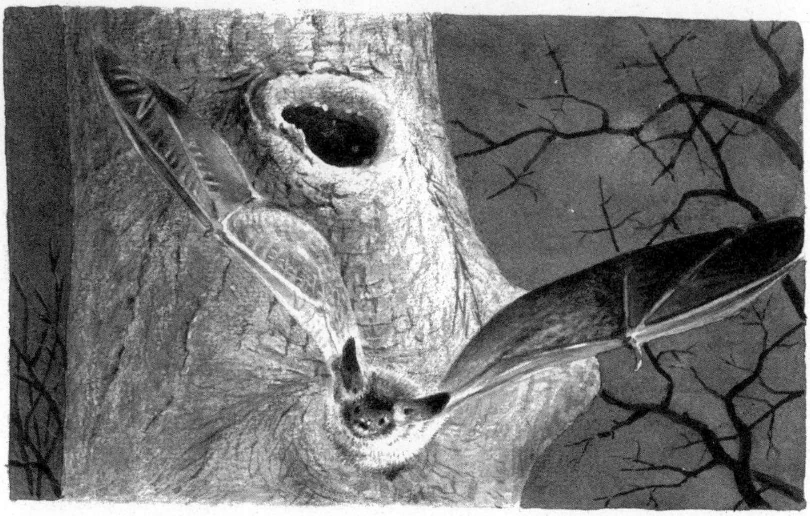

angelegten Flügeln passt ein solches Tier gerade noch in eine Streichholzschachtel. Die größten Arten haben Flügelspannweiten von gut 40 Zentimeter und bringen bis etwa 50 Gramm auf die Waage. Für ein solches Tier wird dann schon eine Zigarettenschachtel benötigt, um seinen Körper unterzubringen.

Die überwiegend nachtaktiven und dämmerungsaktiven Tiere haben sich insbesondere in den Tropen eine Vielzahl von Nahrungsquellen erschlossen. Sie besuchen dort Blüten, um Nektar oder Pollen zu verzehren, und bestäuben die Pflanzen dabei. Andere Arten fressen die Früchte und spielen eine große Rolle bei der Verbreitung der Samen ihrer Futterpflanzen. Eine weitere Artengruppe jagt Insekten oder Kleintiere auf unterschiedlichste Weise und schließlich gibt es auch wenige Blut leckende Arten in Mittelamerika und Südamerika, von denen der Echte Vampir *(Desmodus rotundus)* auch größere Säugetiere nutzt.

In diesem Buch stehen die heimischen Fledermausarten im Vordergrund. Sie nutzen Nahrung wie Insekten und Spinnen – sieht man davon ab, dass einzelne Arten im Verdacht stehen, im Herbst gelegentlich auch an überreifen Zwetschgen und ähnlichem Obst zu naschen.

Saugen Fledermäuse Blut?

In Mittelamerika und Südamerika gibt es drei Fledermausarten der Gattung *Desmodus*, die Blut von größeren Wirbeltieren als Nahrung nutzen. Diese Fledermäuse saugen das Blut jedoch nicht aus dem Körper ihres Opfers aus, wie es in Vampirfilmen gezeigt wird.

Die Tiere stanzen mit ihrem spezialisierten Gebiss ein winziges Loch in die Haut, aus dem das austretende Blut aufgeleckt wird. Vor dem Biss haben sie die Stelle beleckt und im Speichel enthaltene betäubende Stoffe sorgen für einen schmerzlosen Biss. Beim Auflecken des austretenden Blutes sorgt ein im Speichel außerdem enthaltener Blutgerinnungshemmer dafür, dass das Blut in der gewünschten Menge austritt. Der Blutverlust ist in der Regel nur für kleine Opfer gefährlich. Das Problem für die gebissenen Tiere liegt vor allem im Risiko einer Übertragung von Krankheiten wie der Tollwut.

Wenn heimische Fledermäuse Menschen beißen wollen, dann zur Abwehr, etwa wenn nach dem Tier gegriffen wird. Die Angst vor einem Angriff und anschließenden Biss durch eine Fledermaus ist hierzulande also unnötig.

In Deutschland sind derzeit 26 Fledermausarten nachgewiesen, die aus eigener Kraft dorthin gelangt sind und zumindest zeitweise dort leben. In Österreich sind es 25 und in der Schweiz 30 Arten (siehe auch ab Seite 134). Das ist wenig und viel zugleich. Wenig im Vergleich zu tropischen Regionen, wo auf einer Fläche so groß wie Deutschland leicht über 100 Arten vorkommen können. Beispielsweise beherbergt die Insel Trinidad weit mehr als doppelt so viele Fledermausarten wie Deutschland, obwohl Deutschland siebzigmal größer als diese Insel ist. Viel ist es, weil alle heimischen Arten Insekten jagen. Nur durch Unterschiede bei der Beutesuche vermeiden die heimischen Arten eine zu starke Nahrungskonkurrenz untereinander. Eine vergleichbare Spezialisierung der einzelnen Arten ist auch bei der Quartierwahl zu beobachten.

Seit mehr als 50 Millionen Jahren entwickeln sich die Fledertiere abweichend von den anderen Säugetiergruppen. Die entstandenen Anpassungen verleihen ihnen ungewöhnliche Eigenschaften und Fähigkeiten, von denen einige im Folgenden angesprochen werden.

Mit Flügeln ohne Federn

Das herausragende Merkmal der Fledertiere ist ihre Befähigung zum aktiven Flug. Die Tiere können sich also aktiv in die Luft begeben und sie können lange und zielgerichtet fliegen. Kein anderes Säugetier ist dazu fähig.

Die ältesten bekannten Fossilien aus der Linie der Fledermäuse sind die von *Icaronycterix index*, gefunden in etwa 52,5 Millionen Jahre alten Gesteinsschichten in Wyoming (USA). Diese Tiere müssen bereits perfekte Flieger gewesen sein. Wie bei den heutigen Fledertieren sind die Knochen ihrer Vorderbeine gestreckt. Die Tiere besitzen jeweils fünf Finger an Vorderbeinen und Hinterbeinen. Extrem lang sind Unterarm, Mittelhandknochen und Fingerknochen mit Ausnahme des Daumens. Die verlängerten Arme und Finger bilden das Grundgerüst, mit dem eine feine Haut – die Flughaut – aufgespannt wird. Die Hinterbeine sind in die Flughaut integriert und spannen die Haut gemeinsam mit den Fingern auf. Die jeweils fünf Zehen der beiden Füße ragen frei aus der Flughaut und sind jeweils mit einer Kralle ausgestattet. Zwischen den Hinterbeinen ist der Schwanz am Aufspannen beteiligt. Zusätzliche Knorpelspangen, die Spornbeine, stützen den Rand der Flughaut hin zum Schwanz.

Etwa gleich alt, doch mit mehr ursprünglichen Merkmalen, sind die Funde von *Onychonycteris finneyi*, ebenfalls aus Wyoming. Im Unterschied zu den heutigen Fledermausarten, bei denen nur die Daumen jeweils eine Kralle besitzen, waren bei dieser ursprünglichen Art alle Finger mit Krallen ausgestattet und relativ kurz. Der Biologe Jörg Habersetzer fand mit seinem Team heraus, dass diese Art aus anatomischen Gründen nicht zur Ortung von Insekten mit Hilfe von Ultraschall befähigt war (siehe auch Seite 148).

Bei allen Fledermausarten sind die Daumen der Hände keine Bestandteile des Flugapparates. Mit jeweils einer Kralle an der Spitze dienen die Daumen als Kletterhaken, etwa wenn die Fledermaus in einer Baumhöhle an die Decke klettern will. Am Boden sitzend, stützt sich das Tier auf die Daumenballen. So kann die Fledermaus auf Daumenballen und Hinterfüßen recht flink laufen und erinnert bei dieser Fortbewegung wirklich an eine Maus.

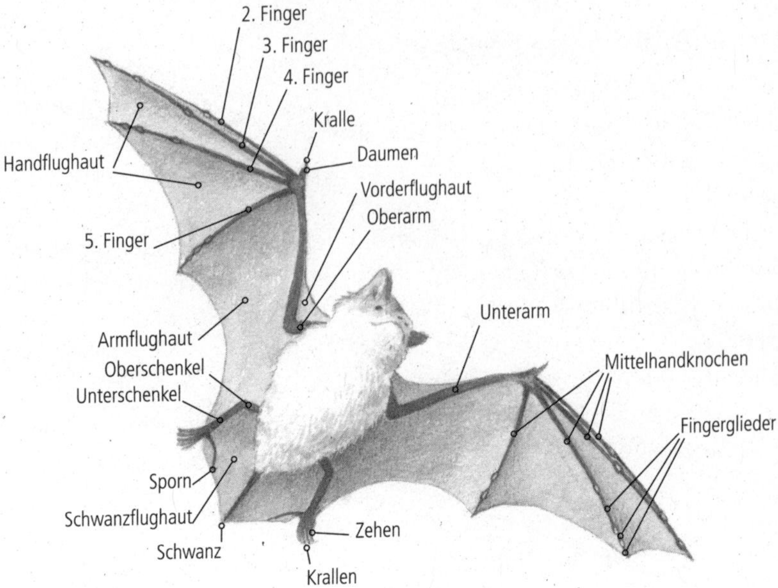

Körperbau einer Fledermaus

Die typische Ruheposition der Fledermaus ist kopfüber an den Hinterbeinen hängend. So kann das Tier bequem abfliegen, indem es einfach flügelschlagend den Griff der Hinterbeine löst. Die Fledermaus kann aber auch aus anderen Positionen starten, etwa vom Boden oder auch von einer Wasseroberfläche. Sie braucht dafür jedoch einen gewissen Raum, denn das Tier muss sich in einer Art Sprung vom Boden oder von der Wasseroberfläche lösen, um Luft unter seine Flügel zu bekommen. Unerfahrenen oder leicht geschwächten Fledermäusen gelingt das nicht immer. Sie suchen dann einen erhöhten Abflugort auf. Befindet sich ein geschwächtes Tier im Wasser, nutzt es seine Flügel wie Paddel und kann sich so ans Ufer retten.

Das Konzept der Flughaut bewährte sich schon vor der Entwicklung von Federn als Flugapparat. Flugsaurier von teilweise erstaunlicher Größe flogen wie die Fledermäuse mittels Flughäuten, die jedoch nur von einem Finger pro Hand aufgespannt wurden. Mehr als 12 Meter Flügelspannweite erreichten die Arten der Flugsauriergattung *Quetzalcoatlus*. Dagegen erscheinen die größten Fledertiere mit ihren maximal etwa 1,7 Meter Flügelspannweite lächerlich klein.

Die Flughaut, ein fragiles Organ

Die Flughaut besteht aus zwei Häuten, die den unteren und den oberen Abschluss der Flügeloberfläche bilden. Prinzipiell ist diese Haut wie alle Säugetierhäute aufgebaut, sie umschließt aber keinen kompakten Organkomplex, sondern ein feines Netz von Sehnen und Blutbahnen. Beim heimischen Mausohr weist sie eine Gesamtdicke von unter 0,4 Millimeter auf. Durch die Flughaut ist die Körperoberfläche einer Fledermaus mehr als dreimal so groß wie diejenige anderer Säugetiere vergleichbarer Körpergröße. Durch diese größere Körperoberfläche verdunsten die Tiere rund 11 Prozent mehr Wasser als andere Säugetiere vergleichbarer Größe.

Das feine Adernetz der Flughaut stellt den Blutkreislauf der Fledermaus vor eine besondere Herausforderung. Um die Durchblutung der Flügel zu gewährleisten, besitzen die Fledermäuse zusätzliche kontraktile Blutgefäße in den Armen, sozusagen Zusatzherzen.

Die Flughaut bedarf der regelmäßigen Pflege, damit sie geschmeidig und funktionsfähig bleibt. Daher wendet die Fledermaus viel Zeit für die Flügelpflege auf, im Sommer verbringt sie mehr Zeit mit der Körperpflege als mit jeder anderen Tätigkeit. Drüsen nahe der Nase bilden ein öliges Sekret, das auf den Flügeln verteilt und mit dem Maul sorgfältig eingeknetet wird. Das Putzen der Flügel dient außerdem der Bekämpfung von Hautparasiten, die sonst verstärkt auf den Flughäuten auftreten und die Haut beeinträchtigen würden.

Im Gegensatz zum Federkleid der uns vertrauten Vögel ist die Flughaut ein lebendes Gewebe. Daraus ergeben sich einige Besonderheiten:

- Die Flughaut regeneriert sich permanent, ähnlich wie unsere Menschenhaut, während sich beim Federkleid Schäden bis zum nächsten Wechsel des Federkleides, der Mauser, anhäufen.
- Die Flughaut ist mit Sinnesorganen ausgestattet, die dem Tier wesentlich genauere Informationen über Lage und aerodynamische Situation der einzelnen Flügelpartien ermöglichen, als es beim Vogelflügel möglich ist.
- Die Flughaut ist eine Fläche, die über ein Sehnennetz auch am Außenrand kontrolliert werden kann, während Federn nur von der Basis aus gesteuert werden können.

Diese Eigenschaften erlauben es der Fledermaus, schneller als die meisten Vögel Kursänderungen im Flug auszuführen, was beispielsweise beim Beutefang in der Luft von Nutzen sein kann. Diese Fähigkeit ist bei einer jagenden Fledermaus an ihrer unregelmäßigen Flugbahn mit unvorhersehbaren Wendungen erkennbar. Fliegende Fledermäuse werden meist an dieser Flugweise und nicht an ihren Silhouetten erkannt. Wenn eine Fledermaus zielgerichtet fliegt – möglicherweise auch noch am Tag – wird sie vom unerfahrenen Beobachter meist als Vogel betrachtet und übersehen. Und die Tiere fliegen häufiger am Tag, als gemeinhin gedacht wird. Im Allgemeinen zieht die Fledermaus zwar die Nacht vor, da sie nachtaktive Insekten als Hauptbeutequelle nutzt und tagaktiven Raubvögeln mit ihren Sinnen nur begrenzt begegnen kann. Es gibt aber auch verschiedene Anlässe für eine Fledermaus, am Tag zu fliegen. Einige wandernde Arten sind auf ihren herbstlichen Zügen regelmäßig am Tag unterwegs. Zusätzlich kann die Witterung für Tagaktivität sorgen: Dazu gehören Phasen mit sehr kalten Nächten ohne Insektenaktivität in Verbindung mit warmen Tagen und hoher Insektenaktivität. Unter diesen Voraussetzungen nutzen die Tiere den Tag für die Jagd. Außerdem kommt es an unerwartet heißen Tagen zu Quartierwechseln. Fliegen Fledermäuse am Tag, ist das eine gute Gelegenheit, ihren Flug genauer zu beobachten, als dies in der Dämmerung oder in der Nacht möglich ist.

Nach dem Flug ermöglicht ein feines Netzwerk von Zugfasern in der Flughaut ein automatisches Einraffen der Flügel beim Anlegen der Finger an die Unterarme. Dies gewährleistet ein problemloses Entfalten der Flügel für den Weiterflug.

Durch den aktiven Flug können sich Fledermäuse einen für Säugetiere dieser Größe sehr großen täglichen Aktionsraum erschließen. Arten wie das Große Mausohr jagen beispielsweise regelmäßig in mehr als 25 Kilometer Entfernung vom Tagesversteck.

Mit Schall sehen

Die Fledertiere sind im Wesentlichen nachtaktiv. Ihre Augen sind daher besonders gut an das Dämmerungssehen angepasst. Bei den Flughunden sind die Augen das wichtigste Sinnesorgan zur Orientierung und dementsprechend groß. Die Orientierung mit Hilfe von Augen ist aber immer auf etwas Licht angewiesen. Bei absoluter Dunkelheit nützen Augen nichts mehr.

Die Fledermäuse und einige Flughundarten können sich auch unabhängig von Licht orientieren und sind dadurch nicht auf bestimmte Lichtverhältnisse angewiesen. Sie beherrschen die Echoortung, um sich zu orientieren. Die Augen der meisten Fledermäuse sind daher – anders als beim Flughund – nicht so leistungsfähig. Fledermäuse sind in der Regel kurzsichtig und sehen auf größere Distanz unscharf.

Das Prinzip der Echoortung ist einfach: Zur Orientierung werden kurze Laute, deren Frequenz in der Regel oberhalb der menschlichen Hörgrenze liegt, in dichter Folge ausgestoßen.

Treffen diese Schallsignale auf ein Objekt, werden sie zurückgeworfen, und die Fledermaus hört das Echo mit ihren Ohren. Aus der Zeitdifferenz seit dem Ruf ermittelt sie die Entfernung. Veränderungen etwa in Lautstärke und Frequenzzusammensetzung informieren das Tier über die Beschaffenheit des Objektes. Leicht zu interpretierende Echobilder entstehen im Falle eines fliegenden Insektes im freien Luftraum oder bei einem frei stehenden, massiven Hindernis wie einem Baumstamm.

Meist ist die Orientierungsaufgabe für die Fledermaus aber komplexer, denn sie sucht mittels Echoortung auch an weniger übersichtlichen Stellen Nahrung und Verstecke. Je dichter sich das Objekt ihres Interesses vor dem Hintergrund befindet, desto mehr Frequenzen setzt sie zur Auflösung des Bildes ein. Außerdem muss sie unterschiedliche Umgebungen und Fluggeschwindigkeiten bei der Ausgestaltung ihrer Rufe berücksichtigen. Auch hierbei verändert das Tier die gewählten Frequenzen, zusätzlich auch Lautstärke, Zahl und Länge der Rufe. Die Rufe derselben Fledermaus können sich also sehr unterschiedlich anhören, je nachdem, ob sie über einer Wiese fliegt, einem überwachsenen Waldweg folgt oder ein Insekt vor der Nase hat.

Die Fledermaus ortet Beute, indem sie kurze Peillaute ausstößt und das Echo interpretiert. Je näher sie ihrer Beute kommt, desto leiser und häufiger ruft sie, in der Regel mit größerer Frequenzbreite. Dadurch erhält sie ein deutliches Hörbild. Glattnasenfledermäuse senden ihre Laute durch den geöffneten Mund, Hufeisennasen durch die Nasenlöcher.

Die heimischen Fledermäuse ernähren sich von wirbellosen Tieren, insbesondere Insekten und Spinnen werden erbeutet. Bei der Suche nach solcher Nahrung gibt es neben dem »gewünschten« Echo des Beutetiers oft Störechos. Speziell die Ortung von Beute, die sich am Boden oder in der Vegetation aufhält, ist schwierig. Neben dem Echo des Beutetiers hört die Fledermaus gleichzeitig das Echo von Blattwerk und Ästen. Will die Fledermaus erfolgreich an solchen Stellen jagen, muss sie dieses Problem bewältigen. Die unterschiedlichen Oberflächenbeschaffenheiten etwa von Falterflügeln und einer Blattoberseite ergeben feinste Unterschiede im Echobild. Einige Arten sind wohl in der Lage, diese Unterschiede zu erkennen, da sie auch bewegungslos schlafende Tagfalter erbeuten. Sind die Beutetiere auffällig gefärbt, nutzen die Fledermäuse in mondhellen Nächten wohl auch ihre Augen, um die Beute zu finden.

Leichter ist es für die Fledermaus, wenn das Beutetier unfreiwillig mithilft. Insekten und andere Gliedertiere verursachen beim Laufen oder Fliegen Geräusche, die von der Fledermaus wahrgenommen werden. Ist eine Fledermaus auf ein Beutetier in der Vegetation oder am Boden aufmerksam geworden, kann sie es auch durch dessen Geruch finden. Die Geräusche sind aber ungleich wichtiger.

Im Laufe der Evolution entwickelten sich bei den verschiedenen Fledermausarten Spezialisierungen hin zu bestimmten Beutefangstrategien. Diese bestimmen maßgeblich, welche Echoortungslaute eine Fledermausart hervorbringt und wie sie diese Laute bildet. Zur Jagd im freien Luftraum werden tendenziell laute und relativ niederfrequente Rufe von 16 bis 24 kHz verwendet. Je näher die Tiere einem Hindernis kommen, desto leiser werden die Rufe und es werden höhere Frequenzen – je nach Art auch mehr als 100 kHz – und eine größere Frequenzbreite eingesetzt, denn die Distanz zum Objekt bestimmt die notwendige Lautstärke und den Bedarf an räumlicher Auflösung.

Weil Schall eine geringere Reichweite hat als Licht, verhalten sich Fledermäuse im Gelände anders als fliegende Vögel. Es sind weitere Anpassungen notwendig. Das gilt insbesondere für Arten, die in Anpassung an das hochauflösende Absuchen des Nahbereichs nur relativ leise Ortungslaute hervorbringen können. Auf menschliche Sinne übertragen, sind die leise rufenden Arten mit einer Taschenlampe unterwegs, die innerhalb eines Umkreises von einem halben Meter jedes Staubkorn sichtbar macht, aber nur den nächsten Meter des Weges gut ausleuchtet. Mit solch einer Taschenlampe ist es sinnvoll, sich bevorzugt dort zu bewegen, wo sich ein gut erkennbarer Weg befindet. So machen es die betreffenden Fledermausarten. Sie halten sich bevorzugt dort auf, wo sich Wegemarkierungen befinden, die ihnen eine Positionsbestimmung ermöglichen. Wegemarkierungen sind Häuserfronten, Baumreihen, Baumbestände, Hecken, Gewässerläufe und Ufer. Aber auch Zäune, Pfostenreihen und Abbruchkanten können den Tieren zur Orientierung dienen. Solche Strukturen funktionieren als Flugstraßen.

Die laut rufenden Arten verfügen – um beim Beispiel der Taschenlampe zu bleiben – über eine andere Taschenlampe. Diese strahlt 50 Meter weit. Ein Abschnitt, in dem der Weg nicht zu erkennen ist,

Lassen sich Fledermäuse anhand ihrer Lautäußerungen bestimmen?

Fledermäuse anhand ihrer Rufe zu bestimmen, ist nicht einfach. Die Tiere passen ihre Ortungslaute den jeweiligen Bedürfnissen an, sodass verschiedene Arten in der gleichen Flugsituation sehr ähnlich rufen. Die Ortungslaute sind also nicht so charakteristisch für eine Art wie Vogelgesänge für eine bestimmte Vogelart. Letztere erfüllen auch einen anderen Zweck. Bei Fledermäusen gibt es zwar auch Balzrufe und andere Soziallaute, die erst in zeitgedehnter Wiedergabe ihre Struktur offenbaren – da gibt es Triller, lang gezogene Pfiffe, Schnattern und Laute, die sich nur schwer von den kurzen Ortungslauten unterscheiden lassen –, sie werden aber nicht so regelmäßig ausgestoßen wie Ortungsrufe und sind in ihrer Komplexität noch nicht voll erfasst. Zudem sind sie nur phasenweise oder in bestimmten Situationen für eine systematische Erfassung von Fledermausvorkommen verfügbar.

Ein heute übliches Verfahren zur Bestimmung von Fledermäusen anhand ihrer Laute ist die Echtzeittechnik, mit der die Originallaute auf einer Speicherkarte im Gerät aufgezeichnet werden. Die aufgezeichneten Rufe können dann auf charakteristische Tonverläufe, Rufabstände und Ähnliches analysiert werden. Trotz dieses technischen Aufwandes wird es selbst erfahrenen Spezialisten nicht immer gelingen, die Rufe einer Fledermaus sicher einer Art zuzuordnen. Ultraschalldetektoren für dieses Bestimmungsverfahren sind derzeit ab etwa 1900 Euro zu haben. Günstiger sind Vorsatzmikrophone für Smartphone oder Computer, für die Beträge ab etwa 250 Euro verlangt werden. Dazu kommt gegebenenfalls das erforderliche Auswertungsprogramm.

lässt sich mit ihr leichter überbrücken, weil dahinter liegende besser erkennbare Wege sichtbar sind. Das Licht dieser Lampe ist aber diffus und es sind nicht so viele Details zu erkennen wie mit der Taschenlampe aus dem vorigen Beispiel.

Manche Fledermausarten können dieses Problem lösen, indem sie sozusagen zwei Taschenlampen haben, die sie abwechselnd bedienen: Sie rufen mit zwei verschiedenen Frequenzbereichen im Wechsel. Beispiele: Der Große Abendsegler wechselt zwischen 19 und 24 kHz, die Mopsfledermaus zwischen 34 und 42 kHz. Der höhere Ruf ist meist leiser beziehungsweise physikalisch bedingt nicht so weit tragend.

Energiesparer mit hohem Verbrauch

Fliegen ist eine energieintensive Fortbewegungsmethode. Dazu kommt bei der Fledermaus – nicht zuletzt durch ihre großen Flügelflächen (siehe auch Seite 13) – ein sehr ungünstiges Verhältnis von Körpermasse zu Körperoberfläche: Das Tier hat im Verhältnis zu seiner Körperoberfläche eine sehr kleine Körpermasse, sodass Wärmeverluste im Vergleich zu anderen Säugetieren sehr groß sind. Daraus resultiert ein sehr hoher Energiebedarf, den die Fledermaus über ihre Beutetiere decken muss.

Damit dies gelingt, muss das Tier pro Nacht eine Insektenmenge erbeuten, die der Hälfte bis einem Dreiviertel ihres Eigengewichtes entspricht. Bei einer Wasserfledermaus entspricht das einer Menge von etwa 5000 Stechmücken, die pro Nacht erbeutet werden müssen. Hätte ein erwachsener Mensch einen vergleichbaren Energiebedarf, müsste er pro Tag 30 bis 60 Kilogramm Nahrung zu sich nehmen. Bei diesem Vergleich ist zu berücksichtigen, dass sich die Energiegehalte der erbeuteten Insekten erheblich unterscheiden können – je nach Größe der Beute, Chitinanteil, Menge an Depotfett, Vorhandensein von Eiern und Ähnlichem. Noch extremer schwanken allerdings die Energiemengen der Nahrung des Menschen, etwa wenn der Energiegehalt von 30 Kilogramm Salat mit dem von 30 Kilogramm Schokolade verglichen würde. Für den Vergleich ist somit von einem mittleren Energiegehalt der Nahrung auszugehen.

In Mitteleuropa gibt es den Wechsel von Jahreszeiten, mit dem auch die Lebensbedingungen für die Fledermäuse wechseln. Eine Herausforderung für die Fledermaus ist das Überleben im Winter, eine nahrungsarme Phase für Insektenjäger. Die Tiere suchen deshalb für diese Zeit meist kühle, aber frostfreie und feuchte Plätze auf, um Winterschlaf zu halten. Alle Körperfunktionen werden auf ein Minimum herabgesetzt. Während bei einer fliegenden Fledermaus 1000 Herzschläge pro Minute gemessen werden können, sinkt der Herzschlag des Großen Mausohrs beispielsweise bei 5,5 Grad Celsius Körpertemperatur auf 18 Schläge pro Minute und kann bei niedrigeren Temperaturen noch weiter absinken. Die Körpertemperatur sinkt auf Umgebungstemperatur und kann bei niedrigen Temperaturen 0 Grad Celsius unterschreiten.

Sinkt die Temperatur unter eine bestimmte Marke, kann die Fledermaus nicht mehr aktiv aufheizen. Beim Großen Mausohr ermittelte der Biologe Hubert Roer diese Temperatur bei etwa Minus 0,8 Grad Celsius. Die betreffenden Tiere überstanden dann noch Temperaturen bis Minus 1,4 Grad Celsius ohne Schaden. Zum Vergleich: Die Körpertemperatur einer aktiven Fledermaus im Flug beträgt etwa 41 Grad Celsius. Durch den Winterschlaf sparen die Tiere diejenige Energie, die sie in den Wintermonaten aus Ermangelung an Nahrung nicht ersetzen können. Zum Anheizen des Körpers beim Aufwachen aus dem Winterschlaf nutzt die Fledermaus ein spezielles Reservefett, das als sogenanntes braunes Fettgewebe für diesen Zweck in ihrem Nackenbereich konzentriert ist.

Um den Energiebedarf allgemein zu begrenzen, können Fledermäuse ihre Körpertemperatur auch kurzzeitig der Umgebungstemperatur annähern. Der Stoffumsatz im Körper verlangsamt sich dadurch, das Tier »spart Heizkosten«. Dieser »Energiesparzustand« nennt sich Tagesschlaflethargie. Er könnte auch als milde Kurzform des Winterschlafs bezeichnet werden. Die Fledermaus begibt sich in der Regel nur im sicheren Versteck in diesen Zustand, denn mit dem verlangsamten Stoffwechsel gehen verringerte Bewegungsmöglichkeiten einher – wegfliegen kann sie dann nicht mehr ohne vorheriges Aufheizen.

Das Aufheizen dauert unterschiedlich lange. Zwei Beispiele aus eigener Erfahrung, die aber nicht genau gemessen wurden, mögen dies verdeutlichen: Ein Pflegling der Zwergfledermaus benötigte vom Wecken bei 22 Grad Celsius etwa 20 Minuten ohne externe Wärmequellen, bis das Tier flugbereit war. Ein gesunder Abendsegler mit viel Depotfett schaffte es unter ähnlichen Bedingungen (etwa 23 Grad Celsius) in etwa 15 Minuten. Er war dann aktiv, zum Fliegen fehlte möglicherweise noch etwas (fliegen konnte er zu diesem Zeitpunkt wegen eines Flughauteinrisses nicht). Bei Penzlin wird eine Temperaturdifferenz von 14 Grad Celsius zwischen Hautoberfläche und Wärmebildungszentrum (braunes Fettgewebe im Nacken) in 20 Minuten genannt, wobei nicht angegeben ist, um wie viel sich in dieser Zeit die Temperatur an der Hautoberfläche erhöhte.

Werden Fledermäuse beim Tagesschlaf oder im Winterschlaf gestört, bringen sie sich auf »Betriebstemperatur«, die je nach Art zwischen 40 und 42 Grad Celsius liegt. Dafür sind – je nach Ausgangstemperatur des Körpers – erhebliche Mengen an Energie erforderlich. Bei Umgebungstemperaturen zwischen 0 und 5 Grad Celsius benötigt die Fledermaus für das Aufheizen zum Wegfliegen die Energiereserve für ein bis zwei Monate Winterschlaf. Übersteigt dieser zusätzliche störungsbedingte Energiebedarf die Möglichkeiten zur Reservebildung, werden die Tiere den Winter nicht überleben.

Nur im aktiven Zustand haben Fledermäuse also einen hohen Energiebedarf und müssen deshalb genau kalkulieren, unter welchen Bedingungen sie aktiv sein können. Als Faustregel im Sommer gilt: Fliegen die Insekten, fliegen auch die Fledermäuse. Dabei stören Wind und Regen kaum, solange sie Insekten nicht von ihren Flugaktivitäten abhalten. Gerade warme, nicht zu heftige Regenfälle animieren viele Insektenarten zu vermehrten Flugaktivitäten, und die Fledermäuse nutzen dies. Die frühere Annahme, Fledermäuse würden bei Regen nicht ausfliegen, ist also nicht richtig. Es waren die Beobachter, die bei Regen nicht »ausflogen«. Freilich stellt Regen besondere Anforderungen an die Echoortung, denn die Luft ist dann voll reflektierender Teilchen – den Regentropfen. Zusätzlich wirkt Regen als »Wasserkühlung« auf den Flughäuten, erzeugt also zusätzlichen Energiebedarf.

Die Frage »ausfliegen oder nicht?« ist eine Kosten-Nutzen-Abwägung für die Fledermaus. Verbraucht sie in Ruhe schon mehr Energie, als ihr die Jagd einbringen würde, ist der Ausflug zur Jagd reine Energieverschwendung. Liegt die erwartete Ausbeute über dem Energiebedarf in Ruhe, aber wohl noch unter dem Bedarf für den Jagdflug, ist die Entscheidung schwer. Das ist dann bei der Ausflugbeobachtung am Quartier erkennbar: Es fliegen weniger Tiere aus als sonst und nicht selten kehren die Ausgeflogenen nach kurzer Zeit wieder ins Quartier zurück – sie hatten die Situation zu günstig eingeschätzt und kommen rasch zurück, um sich wieder in die energiesparende Lethargie zu versetzen.

Ein Leben in vielen Wohnungen

Fledermäuse nutzen im Jahresverlauf unterschiedliche Quartiere, weil ihre Anforderungen an die Quartiere im Jahreslauf stark wechseln. Da gibt es Wochenstubenquartiere, Männchenquartiere, Balzquartiere, Zwischenquartiere, Pausenhangplätze, Fraßplätze, Winterquartiere und weitere. Ihr ganzes Leben lang, das bis zu 40 Jahre währen kann, wechselt eine Fledermaus zwischen diesen Quartieren. Zum besseren Verständnis wird im Folgenden ein Fledermausjahr in der zeitlichen Abfolge skizziert.

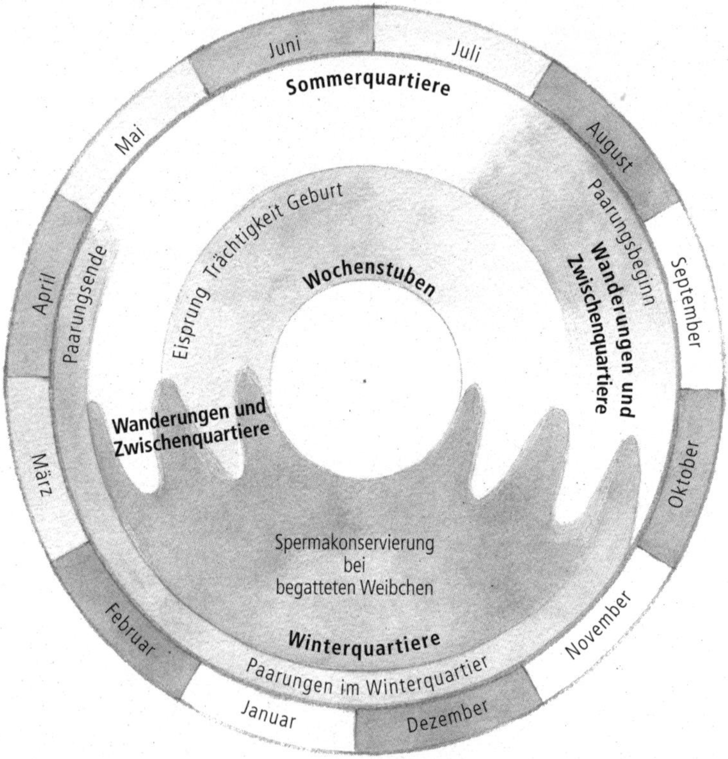

Das Fledermausjahr

Im Jahresverlauf nutzen Fledermäuse unterschiedliche Quartiere. Weibchen und Männchen wechseln zwischen Winterquartieren und Sommerquartieren. Wochenstubenquartiere dienen der Jungenaufzucht, Zwischenquartiere werden zwischen Winterschlaf und Wochenstubenphase genutzt. Letztere können auch speziellen Zwecken, etwa der Paarung, dienen.

Mit dem Ende der Winterschlafperiode – je nach Wetter und Fledermausart von Februar bis April – verlassen die Fledermäuse allmählich ihre **Winterquartiere** und wechseln in wärmere Quartiere, die **Zwischenquartiere** – vorausgesetzt, es gibt genug Nahrung, denn die Tiere beginnen nun mit den abendlichen Jagdausflügen. In dieser Phase sind viele Arten gesellig, sie nutzen die »Wärme« der Gruppe, um die im Frühjahr häufigen Temperaturschwankungen abzumildern. Oft kehren die Tiere bei Kälteeinbrüchen oder Regenperioden nochmals in die Winterverstecke zurück.

Bei entsprechend milden Temperaturen, hinreichender Nahrungsverfügbarkeit und kürzer werdenden Nächten finden bei den Weibchen Eisprung und Befruchtung statt. Weil die dafür nötige Außentemperatur regional und für jede Fledermausart eine andere ist und auch mit den jeweils verfügbaren Insektenarten und deren Temperaturabhängigkeiten zusammenhängt, ist eine genaue Angabe in Grad Celsius nicht möglich. Als Faustregel kann gelten: Sind abends wieder regelmäßig Insektenaktivitäten zu beobachten, beginnt im Allgemeinen für die Fledermäuse die Trächtigkeitsphase. Die Weibchen suchen nun ihre **Wochenstubenquartiere** auf, also die Quartiere, die sich für die Jungenaufzucht der jeweiligen Art eignen.

Diese Quartiere können je nach Fledermausart und Art des Quartiers wenige Tiere bis mehrere Tausend Weibchen beherbergen und mehrere Hundert Kilometer entfernt von den Winterquartieren liegen. In diesem Fall müssen auf dem Weg zwischen Winterquartier und Wochenstubenquartier weitere **Quartiere** für die **Übertagung** (Aufenthalt am Tage) auf der Reise zur Verfügung stehen.

In der Regel kennen die Weibchen verschiedene für die Jungenaufzucht geeignete Plätze und wechseln mehr oder weniger häufig das Quartier. Baumbewohnende Fledermäuse tendieren zu einem häufigen Wechsel der Baumhöhlen. Sie ziehen mitunter mehrfach in der Woche ohne äußerlich erkennbaren Anlass mitsamt ihren Jungen in eine andere Höhle um. Dabei wechselt das Weibchen keineswegs lediglich zum Nachbarbaum oder zum Nachbargebäude – beim Mausohr wurden schon Umzüge mit den Jungen über mehrere Dutzend Kilometer beobachtet. Ein erkennbarer Grund für einen kurzfristigen Umzug können die Witterungsverhältnisse sein. Wenn beispielsweise große Hitze den Jungen im Quartier zusetzt, wechseln die Mütter mit ihren Jungen in ein weniger warmes Versteck. Ein anderer Grund ist das regelmäßige Auftreten von Raubtieren (zum Beispiel Katze, Eule, Marder) an oder im Quartier.

Die Männchen werden bei den meisten Arten nicht in den Wochenstuben geduldet. Für sie beginnt mit der Wochenstubenphase nach dem Verlassen des Winterquartiers eine einsame Zeit. Sie leben nun in **Männchenquartieren.** Bei manchen Arten bilden sich auch Männergruppen. In der Quartierwahl sind die Männchen im Sommer nicht so anspruchsvoll. Schließlich müssen sie keine Jungtiere berücksichtigen. Manche Tiere übertagen im Sommer sogar in den kühleren Winterquartieren und reduzieren so dank Tagesschlaflethargie den Aufwand für die nächtliche Jagd. Über den Sommer bleibt die Trennung von Weibchen und Männchen weitgehend bestehen. Manchmal begegnen sich die Tiere im Jagdgebiet, was zu aggressivem Verhalten insbesondere der Weibchen gegenüber den Männchen führen kann, da die Weibchen die ergiebigsten Jagdgebiete für sich beanspruchen.

Hat ein Weibchen kein Jungtier bekommen oder seines verloren, verlässt es teilweise vorzeitig die Wochenstube und führt wohl ein den Männchen ähnliches Leben. Im Unterschied zu den Männchen kann es allerdings jederzeit in die Wochenstube zurückkehren. Mit dem Ende der Jungenaufzuchtzeit lösen sich die Wochenstubengesellschaften allmählich auf.

Die Mütter von flüggen Jungen schlafen oft in Verstecken außerhalb des Wochenstubenquartiers, die Jungen sind überwiegend noch im Wochenstubenquartier anzutreffen. Kinder und Mütter besuchen sich noch gegenseitig, aber auch die Männer bekommen wieder eine Chance zur Kontaktaufnahme, denn im Spätsommer beginnt die Paarungsphase der Fledermäuse. Nicht selten dienen diesem Zweck die Sommerquartiere der Männchen, manche Arten suchen aber auch bestimmte Plätze auf – teilweise aus mehreren Hundert Kilometer Entfernung kommend –, an denen sie **Balzquartiere** beziehen. Zum Winter hin kommen die Paarungsaktivitäten der Fledermäuse weitgehend zum Erliegen und die Tiere stellen sich in den Winterquartieren ein.

Die Fledermaus ruht kopfüber an den Hinterbeinen hängend. Sie hält sich passiv ohne Muskelanspannung fest, wodurch auch tote Tiere hängen bleiben.

Neben den Tagesquartieren suchen Fledermäuse auch nachts Quartiere auf. Manche Arten unterbrechen die Jagd und besuchen **Pausenquartiere,** andere wie das Braune Langohr haben **Fraßplätze,** die sie zum ungestörten Verzehr großer Beutetiere und zum Pausieren nutzen. Dort sammeln sich dann abgebissene Flügel und andere wenig nahrhafte Teile ihrer Beutetiere sowie Kot an. Auch die Balzquartiere mancher Arten sind nur nachts frequentiert und tagsüber oft verwaist.

Für den **Winterschlaf** sind zwei Grundstrategien zu beobachten. Einige Arten wie das Große Mausohr legen im Gewicht erheblich zu und bilden größere Reserven des braunen Fettes, das vor allem im Nacken lokalisiert ist. Sie wechseln meist im Herbst in die Winterquartiere und bleiben dort während der gesamten Winterschlafperiode, sofern sie nicht durch eine Störung vertrieben werden.

Andere Arten wie die Zwergfledermaus bilden geringere Fettreserven. Sie sind im Winter häufiger aktiv und wechseln auch ihre Quartiere. Einige beginnen ihren Winterschlaf oft in frostgefährdeten Quartieren wie Mauerritzen, Felsspalten oder Baumhöhlen und wechseln erst dann an frostfreie Stellen, wenn der Winter schärferen Frost bringt. Solche in frostbeeinflussten Quartieren überwinternde Arten können in milden Phasen des Winters aktiv werden, um etwa Frostspanner oder Wintermücken zu jagen. Da sie über den Winter gewissermaßen nachlegen, können sie sich vom Herbst her geringere Fettreserven leisten.

Fledermausarten wie der Abendsegler schließen sich bei anhaltendem starken Frost nach Möglichkeit mit weiteren Winterschlafgruppen zu einer bis zu mehrere Tausend Exemplare umfassenden Großgruppe zusammen. Je größer die Gruppe ist, desto günstiger ist das Verhältnis von Masse zu Oberfläche, geeignete Höhlen vorausgesetzt. Die Tiere müssen bei stärkerem Frost Fettreserven einsetzen, um eine Mindesttemperatur zu halten. Je mehr Artgenossen den eigenen Körper umgeben, desto weniger Energie verliert das einzelne Tier. Die Exemplare am Rand der Gruppe verlieren am meisten Energie und erleiden manchmal sogar Erfrierungen. Normalerweise kriechen sie aber rechtzeitig ins Zentrum der Gruppe und andere Mitglieder müssen den Platz am Rand der Gruppe für eine Weile einnehmen.

Neben Umzügen, die sich aus den Anforderungen an das Quartier ergeben, kommen Quartierwechsel auch aus Gründen der Nahrungsverfügbarkeit vor – zum Beispiel bei nochmaligem Kälteeinbruch im Frühjahr, bei einem allgemein kühlen und feuchten Jahr oder stürmischen Wetterlagen. Einige Arten weichen solchermaßen ungünstigen Jagdbedingungen aus, indem sie Klimagunstregionen aufsuchen, wo sie dann ebenfalls Tagesverstecke benötigen. Es sind vor allem Arten wie der Große Abendsegler, die schon unter normalen Bedingungen tägliche Aktionsradien von mehreren Dutzend Kilometern haben. Sie fliegen bei ungünstigen Bedingungen offenbar einfach noch weiter und verweilen an den so erreichten günstigeren Plätzen. Dort jagen sie eine Weile, um anschließend wieder zurückzukehren. Dies geschieht vorwiegend im Frühjahr und Herbst. Während der Wochenstubenzeit sind die Weibchen durch ihre Jungen, die sie nicht über so weite Strecken transportieren, eher ortsgebunden.

Woher die Tiere um die möglicherweise besseren Verhältnisse anderenorts wissen, ist bisher nicht geklärt. Wir können nur feststellen, dass es so ist und dass es auch immer Tiere gibt, die nicht mitfliegen. Früher ging man ausschließlich von einem Zugverhalten wie bei Vögeln aus, doch jüngere Untersuchungen mit individuell markierten Tieren haben gezeigt, dass zumindest ein Teil der im Süden Deutschlands im Herbst auftretenden Tiere im Winter wieder in Norddeutschland ist. Antrieb könnte eine Kombination aus Erfahrung und Abschauen sein – wie auch immer die Erfahrung gemacht wurde. Immerhin können die schnell fliegenden Arten in einer Nacht von Norddeutschland an die Bergstraße in Südhessen kommen, um nachzuschauen, wie es dort mit dem Futter steht.

Die Feinde der Fledermaus

Warum fliegen Fledermäuse nachts? Fledermäuse jagen in der Nacht, um nachtaktive Insekten als Nahrung zu nutzen. Sie sind so gut an das Nachtleben angepasst, dass sie tagaktiven Raubtieren nur begrenzt entkommen können. Auch deshalb fliegen Fledermäuse eher selten am Tag. Das schützt sie jedoch nicht davor, selbst zur Beute zu werden.

Vom Wanderfalken ist bekannt, dass er früh fliegende Arten, speziell den Großen Abendsegler, erbeutet. Auch vom Baumfalke, Turmfalke und Sperber sind zumindest Versuche bekannt, Fledermäuse zu fangen. Die berichteten Fälle waren jedoch meist erfolglos. Waldkauz und Schleiereule nutzen gelegentlich den abendlichen Ausflug von Fledermäusen, um die Tiere am Ausflug zu fangen. Manchmal gelangen diese Eulen auch an die Hangplätze der Fledermäuse und »pflücken« sich die Tiere ab. Im Quartier kann auch der Marder an die Fledermäuse gelangen. Im Winterquartier wird gelegentlich auch eine Fledermaus vom Fuchs und verschiedenen Marderartigen wie Dachs, Iltis, Hermelin und Mauswiesel aufgestöbert. Die Hauskatze spürt ebenfalls Fledermäuse auf und tötet sie, obwohl sie die Tiere meist nicht frisst. Am häufigsten gelingt der Katze der Fang am Ausflug. Manche Katzen schaffen es aber auch, die Fledermäuse beim Flug entlang von Hauskanten und an Balkonen aus der Luft zu fangen. Andere Katzen spüren die Tiere im Quartier auf. Nicht selten sammeln Katzen auch Fledermäuse auf, die verunglückt sind, beispielsweise Tiere mit Flügelbrüchen nach Kollisionen mit Autos. Unter extremen Bedingungen im Winter wurden auch schon Singvögel dabei beobachtet, wie sie Fledermäuse, die im Winterschlaf weitgehend bewegungsunfähig sind, anpickten.

Die Beutegreifer haben nur in Einzelfällen Auswirkungen auf die Bestandsgröße der Fledermäuse. Dies ist dann der Fall, wenn die Fledermäuse durch die Präsenz der Beutegreifer das Wochenstubenquartier wechseln müssen und kein gleichwertiges Quartier zur Verfügung steht, sodass es zu einer erhöhten Jungensterblichkeit kommt. Daraus wird schon erkennbar, dass der einzige wirkliche Feind der Fledermaus der Mensch ist, der durch seine Aktivitäten die Lebensmöglichkeiten der Fledermäuse nachhaltig zu deren Nachteil umformt.

Vom Hochzeiten und Kinderkriegen

Die Paarungen der heimischen Fledermäuse finden im Spätsommer und Herbst statt. Bei diesen Tieren wählen die Weibchen die Geschlechtspartner – manche mehrere in jeder Saison. Ein Männchen, das erfolgreich sein will, muss also entsprechend »charmant« zum Weibchen sein, damit es den Geschlechtsakt zulässt und möglichst lange bei ihm bleibt, das heißt sich mit möglichst wenigen weiteren Männchen paart.

Zur Anbahnung einer Geschlechtsbeziehung präsentieren sich die Männchen mit »Flugvorführungen« und »Gesangseinlagen«, wobei manche Arten zusätzlich Hangplätze oder Quartiere vorweisen. Einige Beispiele: Zur Paarungszeit sind bei der Zwergfledermaus sogenannte Tandemflüge zu beobachten, ein Tier folgt dicht einem anderen im Flug. Bei dieser Verfolgung kann das Männchen seine Ausdauer, seine Reaktionsfähigkeit und Geschicklichkeit demonstrieren, indem es die Flugbahn des Weibchens genau einhält. Männchen und Weibchen der Wasserfledermaus suchen die Eingangsbereiche der Höhlen auf, in denen sie später überwintern werden. Dort präsentieren sich die Männchen, kreisen und fliegen. Die Weibchen können die einzelnen Tiere vergleichen und ihren Partner wählen. Das männliche Braune Langohr trifft seine Weibchen wohl im Jagdgebiet. Werden sich die Partner einig, suchen sie zur Paarung gemeinsam Stellen auf, die keine eigentlichen Quartiere sind. Vordächer, Treppenaufgänge, Dachüberstände werden von den Tieren zur Paarung genutzt. Am Morgen verraten nur einige Kotpapillen, dass dort in der Nacht Fledermäuse hingen. Die Zweifarbfledermaus präsentiert sich mit Balzflügen an markanten Felswänden, bei uns oft an Hochhäusern. Sie fliegt entlang der Felswand und bringt Balzgesänge zu Gehör, um Weibchen auf sich aufmerksam zu machen. Einen praktischen Nutzen für die Weibchen hat die Balz des Abendseglers. Die Männchen besetzen Quartiere wie etwa Baumhöhlen und singen von dort vorbeifliegende Artgenossinnen an. Die Weibchen haben die Möglichkeit, sich Höhle und Männchen anzuschauen und zu entscheiden, ob Männchen, Höhle oder beides für sie interessant ist. Beim Abendsegler ist außerdem eine ausgeprägte Haremsbildung bekannt. Ein erfolgreiches Männchen kann mehr als sieben Weibchen zur gleichen Zeit in seinem Quartier vereinen. Der Paarungsakt findet wohl meist in Hängeposition statt.

Einmalig im Reich der Säugetiere ist, dass das Sperma der Männchen bei den meisten Fledermausarten nicht sofort zur Befruchtung dient. Es muss erst im Körper des Weibchens den Winter überdauern, um im Frühjahr zur Verfügung zu stehen. Zwar kommt es auch im Verlauf des Winters noch gelegentlich zu Paarungen, doch gelten diese als aussichtslos. Der Uterus des Weibchens ist im Winter gegen den Verlust des Spermas mit einem Schleimpfropf gesichert, was umgekehrt auch bedeutet, dass kein weiteres Sperma zugeführt werden kann. Ansonsten ist es bei Säugetieren so, dass die im Herbst einsetzende Trächtigkeit über den nahrungsarmen Winter ruht, also eine Entwicklungspause des Fötus eintritt. Dies ist unter den heimischen Fledermausarten nur bei der Langflügelfledermaus der Fall. Bei dieser Art wird das Ei bereits bei der Paarung befruchtet und ruht anschließend bis zum Frühjahr.

Der Eisprung setzt bei allen anderen heimischen Arten erst nach überstandenem Winterschlaf und guter Kondition des Weibchens ein. Die Trächtigkeit dauert je nach Fledermausart und Außenbedingungen zwischen vier und acht Wochen – in einem kühlen Frühjahr verlangsamt sich die Entwicklung durch die niedrige Körpertemperatur bei der Tagesschlaflethargie.

Die junge Fledermaus lebt im Wochenstubenquartier, bis sie flügge ist. Dort wird sie von der Mutter gesäugt und unternimmt erste Flugversuche. Das Fliegen ist ihr angeboren. Nach fünf bis acht Wochen beginnt die Übungsphase mit zunehmend selbst gefangener Beute.

Am Ende der Tragzeit – meist Ende Mai, Anfang Juni – kommt ein Junges zur Welt, bei wenigen Arten gelegentlich Zwillinge. Die Geburt ist bei den Fledermäusen mit einer besonderen Schwierigkeit verbunden, muss in den meisten Quartieren doch dafür gesorgt werden, dass das Junge dabei nicht abstürzt. Die Mutter hängt sich hierfür mit allen Vieren an der Decke auf und bildet mit ihren Flughäuten eine Art Auffangwanne, die einen Absturz des Neugeborenen verhindert. Die Jungen sind nackt und blind, nur die Hinterfüße sind bereits recht groß und gut ausgebildet. Tagsüber von der Mutter umsorgt und gesäugt, sind die Jungen nachts von Anfang an mehr oder weniger allein im Quartier und müssen daher sicher hängen können. Die Mutter ist nachts auf der Jagd, um genügend Futtertiere für ihren eigenen Bedarf und die Milchproduktion zu erbeuten. Innerhalb der nächsten fünf bis acht Wochen müssen die kleinen Flügel und der restliche Körper des Jungen – ausschließlich versorgt mit Muttermilch – auf die Größe des erwachsenen Tieres heranwachsen. Da die von der Mutter erbeuteten Insekten relativ wenig Kalk enthalten, ist der Aufbau der Knochen eine besondere Belastung für das Weibchen. Es baut Kalk aus dem eigenen Skelett ab und gibt ihn über die Milch an das Junge ab. Die Milchzitzen der Fledermäuse sind brustständig, also ähnlich wie bei den Affen angeordnet.

Der Lebensbereich der Jungtiere beschränkt sich bis zum Flüggewerden auf das Wochenstubenquartier, von möglicherweise nötigen Umzügen am Körper der Mutter abgesehen. Dazu saugt sich das Junge an einer Zitze der Mutter fest und klammert sich mit den Hinterfüßen in das mütterliche Bauchfell. Die Fähigkeit zur Thermoregulation des eigenen Körpers setzt bei den Jungen ungefähr zwei Wochen nach der Geburt ein, wenn das Fell dichter wird. Bis dahin sind sie von der Temperatur im Quartier abhängig.

Bei Dachboden bewohnenden Arten beginnen die Jungen relativ früh – manche schon im Alter von gut zwei Wochen – mit den ersten Flugversuchen. Im geschützten Höhlenraum können sie relativ gefahrlos üben. Anders ist es bei Spalten bewohnenden Arten. Sie müssen das Quartier zum Üben verlassen und beginnen daher erst mit dem Fliegen, wenn sie bereits weitgehend flugfähig sind. Das Fliegen ist den Tieren angeboren, sie müssen es nicht beigebracht bekommen. Das

Beispiel fliegender Artgenossen motiviert die Jungen aber, es diesen gleichzutun. Im Laufe des Juli fliegen die ersten Jungtiere abends aus. In der Regel sind es zunächst kurze Erkundungsflüge um das Wochenstubenquartier. Das Wispern der Artgenossen leitet die Jungtiere wieder ins Quartier zurück. Schlecht, wenn sich andere Jungtiere verflogen haben und nun am falschen Platz schnattern. Dann fliegen dort weitere Jungtiere ein, die dadurch fehlgeleitet wurden.

Bis zum ersten Ausflug hat das Jungtier sicher schon den Geruch der Beute kennengelernt und vielleicht auch einmal Reste von Insektenmahlzeiten an der Schnauze der Mutter gekostet. Ernährt hat es sich aber nur von der Milch der Mutter. Mit zunehmender Übung im Fliegen beginnt nun eine Übergangsphase, in der die Jungtiere zwar noch Milch erhalten, aber zunehmend von eigener Insektenbeute leben müssen. Diese Phase endet, wenn die Mutter dem Jungtier die Milch verweigert. Oft verlässt sie dann auch das Wochenstubenquartier. Meist ist diese Phase Ende Juli, Anfang August abgeschlossen.

Fledermäuse als Kulturfolger und die Verantwortung des Menschen

Fledermäuse gibt es sehr viel länger als Menschen. Man könnte daher annehmen, dass die Tiere gut ohne den Menschen zurechtkommen. Das stimmt hierzulande aber nur bedingt, denn die tief greifenden Veränderungen der Landschaft durch menschliche Tätigkeiten schufen und schaffen für Tiere und Pflanzen neue Bedingungen. Wälder wurden gerodet und dauerhaft offene Flächen geschaffen. Gebäude wurden errichtet, um Menschen, Vieh, Gerät und Vorräte unterzubringen. Dazu kamen Bauten der Infrastruktur, zum Beispiel Brücken, und zur Rohstoffgewinnung, zum Beispiel Bergbaustollen, sowie zu militärischen Zwecken, zum Beispiel Burgen und Bunker.

Unter diesen Bedingungen musste es zu Veränderungen in der Zusammensetzung und Verbreitung der Fledermäuse kommen. So wurden vermutlich in Folge der großflächigen Zerstörung der Urwälder in Mitteleuropa Baumfledermäuse verdrängt. Dagegen konnten Arten Fuß fassen, die an die Bedingungen der entstandenen Kulturlandschaft angepasst sind. Letztendlich ist die Verbreitung nahezu aller Tier- und Pflanzenarten in Mitteleuropa durch menschliche Aktivitäten mitbestimmt.

Häuser statt Höhlen

Einige der »Waldfledermäuse« arrangierten sich mit den neuen Verhältnissen und fanden Ersatz für die bevorzugten Baumquartiere. Beispielsweise verstecken sich Fledermäuse, die gerne Rindenspalten besiedeln, auch hinter Klappläden oder Holzverschalungen an Gebäuden. Andere Arten, die ursprünglich an nur lokal vorkommende Strukturen wie Felsspalten gebunden waren, fanden in den Gebäuden Ersatz und konnten sich ausbreiten.

Zusätzlich fanden Arten Lebensmöglichkeiten, für die es vor der Bautätigkeit des Menschen in Mitteleuropa keine geeigneten Quartiere

gab. Es sind dies insbesondere ursprünglich südeuropäische Arten wie die Hufeisennasen, das Mausohr oder die Langflügelfledermaus, die sich in ihren ursprünglichen Verbreitungsgebieten ganzjährig in Höhlen aufhalten. In Mitteleuropa ist die Jungenaufzucht in unterirdischen Quartieren kaum möglich, weil die Jahresdurchschnittstemperaturen und mit diesen die sich in den Höhlen einstellenden Temperaturen zu niedrig sind – von wenigen Ausnahmen, in denen sich durch Thermalquellen oder Ähnliches höhere Temperaturen in den Höhlen ergeben, abgesehen. Die Höhlenfledermäuse fanden unter den Dächern der menschlichen Bauwerke einen Ersatz für die warmen Felshöhlen des Südens. Erst diese Voraussetzung ermöglichte ihnen die Besiedlung des Nordens. Diese Räume folgen den Temperaturen im Jahresverlauf, sie sind im Sommerhalbjahr warm und bieten geeignete Temperaturen zur Jungenaufzucht. Im Winter sind unsere Dachböden für diese Fledermäuse allerdings meist zu kalt. Die Tiere müssen dann in geschütztere Quartiere wie Höhlen, Stollen oder Keller umziehen.

Heimische Fledermäuse – gesetzlich geschützt

Als Insektenfresser wurden die heimischen Fledermäuse schon früh unter Schutz gestellt. Aus Gründen des Aberglaubens verfolgt, sollten die Tiere als Nützlinge ausdrücklich geschützt werden. So wurden alle Fledermausarten Deutschlands im ersten deutschen Reichsnaturschutzgesetz von 1935 unter gesetzlichen Schutz gestellt. Genützt hat es ihnen unterm Strich relativ wenig, denn als Folge der Lebensraumveränderungen nahmen die Bestände stärker ab, als es die direkte Verfolgung bis zu diesem Zeitpunkt vermocht hatte. Erst seit ihre Lebensstätten ausdrücklich in den gesetzlichen Schutz einbezogen sind, bieten sich Chancen, die Tiere so umfassend zu schützen, dass sie erhalten werden können.

Heute sind alle Fledermäuse nach europarechtlichen Kriterien geschützt. Sie werden in den Anhängen der Fauna-Flora-Habitat-Richtlinie der EU (»FFH-Richtlinie«) geführt. Die Mitgliedsländer sind verpflichtet, für die dort aufgeführten Arten einen »guten Erhaltungszustand« – das meint überlebensfähige Vorkommen – zu gewährleisten. Hierfür sind für bestimmte Fledermausarten (die in Anhang II der FFH-Richtlinie aufgeführten Arten) spezielle Schutzgebiete auszuweisen. Außerdem gibt es spezielle Schutzabkommen für Fledermäuse wie Eurobat (Vereinbarung zum Schutz der Vorkommen Europäischer Fledermäuse als Teil der Konvention zum Schutz wandernder Tierarten) mit einem Koordinationsbüro in Bonn, da sich die flugaktiven Tiere über große Räume bewegen und deshalb international koordiniert geschützt werden müssen. Die Fledermäuse sind entsprechend der europäischen und internationalen Vorgaben in der nationalen Gesetzgebung erfasst, in Deutschland beispielsweise im Bundesnaturschutzgesetz und in der Bundesartenschutzverordnung.

Alle heimischen Fledermausarten sind vom Aussterben bedroht. Es ist verboten, ihnen nachzustellen, sie zu fangen, zu verletzen oder zu töten. Auch wer sie an ihren Quartieren aufsucht, fotografiert, filmt und sie dabei stört, macht sich strafbar.

Wohnungsnot im Wald

Es wurde bereits erläutert, dass die Wälder hierzulande zugunsten offener Flächen zurückgedrängt wurden. Doch auch die verbliebenen Wälder veränderten sich. Insbesondere die Holznutzung sorgt häufig dafür, dass weniger Bäume als in unberührten Wäldern so alt werden, dass eine große Vielfalt an Fledermausverstecken entstehen kann. So kommt es wohl seit Jahrhunderten zu einer zusätzlichen Verknappung von Quartieren innerhalb der Waldflächen. Inwieweit dies in historischer Zeit – etwa durch die Übernutzung der Wälder im Mittelalter – die Bestände der Baumfledermäuse beeinflusste, kann nur vermutet werden. Sicher ist aber, dass die Baumhöhlenzahl nach dem Beginn der planmäßigen Forstwirtschaft niedrig blieb.

Neben der kürzeren Lebenszeit, die man den Bäumen zubilligt, spielt der vielerorts bevorzugte Anbau schnell wachsender Nadelgehölze eine große Rolle. Als Quartierbäume sind Fichte und Kiefer weniger attraktiv als Laubbäume. Nennenswerte Rindenspalten entstehen bei Nadelgehölzen erst, wenn der Baum abgestorben ist (ein Zustand, den Nadelbäume, die zu forstwirtschaftlichen Zwecken angebaut werden, nur nach Borkenkäferbefall erreichen – solche Bäume werden in der Regel aber schnell beseitigt) und nicht bereits bei Lebzeiten wie bei anderen Arten. Außerdem verklebt das Harz der Nadelbäume Flughäute und Haare der Fledermaus.

Sind Fledermäuse im Garten auch Gartenfledermäuse?

Bei aller Verschiedenheit bei Quartierwahl und Jagdstrategie: Es gibt keine »Gartenfledermaus«. Keine Fledermausart ist zwingend an das Vorhandensein von Gärten gebunden. Doch es gibt etliche Arten, für die Gärten attraktive Jagdgebiete sind, die sie häufig und gezielt aufsuchen.

Die Siedlungsfläche und damit auch die Gartenfläche hat sich hierzulande in den letzten 80 Jahren vervielfacht – bei gleichzeitigem Verlust günstiger Fledermausjagdgebiete in der freien Landschaft. Für das Vorkommen von Fledermäusen wird die Qualität des Siedlungsraumes und damit auch der Gärten als Jagdgebiete deshalb immer wichtiger. Eine fledermausfreundliche Gestaltung von Gärten ist somit sinnvoll. Mit entsprechend gestalteten Gärten lassen sich die Überlebenschancen vieler Fledermausarten wirkungsvoll verbessern.

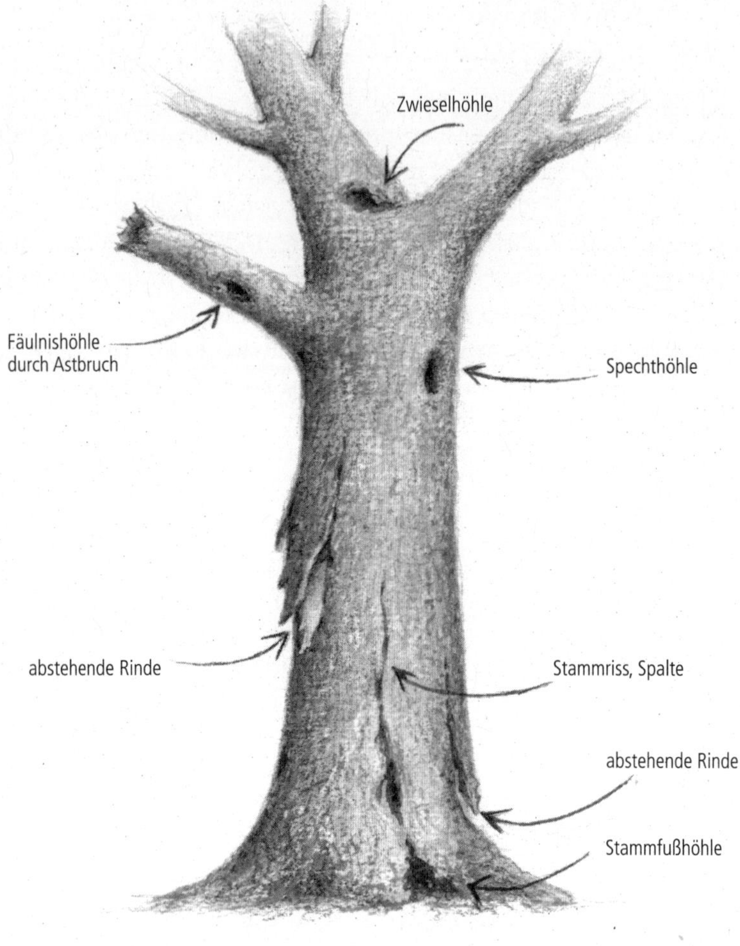

Ein einziger alter Baum kann über 20 Quartiere für Fledermäuse bieten: sichere Orte, wo sie tagsüber schlafen, ihre Jungen umsorgen und im Winter bleiben können, ohne zu erfrieren.

Nur selten findet sich noch ein Baum, der uns eine Ahnung schenkt vom Quartierangebot, welches einen Urwald auszeichnet. An einem einzigen alten Baum können 20 bis 30 Verstecke für Fledermäuse vorhanden sein, von Spechthöhlen über ausgefaulte Astlöcher bis hin zu Spalten an den Stümpfen ausgebrochener Äste, Rissen durch Blitzeinschläge oder abgelöster Rinde an abgestorbenen Ästen.

Auf der Jagd im Dunstkreis des Menschen

Aus den bisherigen Ausführungen lässt sich schließen, dass in Mitteleuropa die größte Artenvielfalt bei den Fledermäusen in einer abwechslungsreichen Kulturlandschaft vorhanden ist, in der auch alte Baumbestände vorkommen.

Für eine erfolgreiche Besiedlung durch Fledermäuse muss gleichrangig neben geeigneten Quartieren aber auch die adäquate Beute der einzelnen Fledermausarten vorhanden sein. Eine Landschaft mit einem lockeren Baumbestand, Heckenstreifen und wechselnden Bodennutzungen bietet vielfältige Entwicklungsmöglichkeiten für Insekten und Jagdmöglichkeiten für Fledermäuse.

Genau so sind Gartengebiete strukturiert: Rasen und Blumenbeete, Gemüse und Obstgehölze, Begrenzungshecken und Ziergehölze wechseln sich ab. Die Strukturen der Flächen müssen mit entsprechenden Insektenvorkommen gekoppelt sein, damit die Gärten für Fledermäuse attraktiv sind. Gebäude innerhalb der Gärten stören die Tiere nicht. Eher sind sie als kleinklimatisch differenzierende Elemente und mögliche Quartierplätze willkommen.

Fledermausfreundliche Strukturen im Garten

Bevor ab Seite 76 auf Details der Gartengestaltung eingegangen wird, sollen im Folgenden einige grundsätzliche Dinge geklärt werden. Da nicht jeder Einzelfall in diesem Buch berücksichtigt werden kann, sollte bei der konkreten Planung versucht werden, »fledermäusisch« zu denken: Welche Eigenschaften interessieren Fledermäuse an einem Garten? Diese Eigenschaften sind mit dem Gestaltungskonzept des Gärtners in Einklang zu bringen.

Jeder Gärtner – ob er einen großen Garten oder nur einen Balkon hat – kann dazu beitragen, dass Fledermäuse bessere Überlebenschancen haben. Es wurde bereits geschildert, dass Fledermäuse große Aktionsradien haben können. Dementsprechend stellt der einzelne Garten in der Regel nur einen Bruchteil des Jagdgebietes einer Fledermaus dar. Die Wirkung einer auf die Bedürfnisse von Fledermäusen abgestimmten Gartengestaltung ist somit nur in der Summe vieler Gärten messbar. Niemand sollte sich davon entmutigen lassen, wenn er nach der Umsetzung von Vorschlägen aus diesem Buch nicht erkennbar mehr Fledermäuse im Garten beobachtet, was bei den nachtaktiven Tieren ohnehin nur schwer nachzuweisen ist. Er kann sich sicher sein: Es hilft den Tieren trotzdem.

Bei der Gestaltung eines Gartens sollte über die eigenen Wünsche an den Garten Klarheit bestehen. Die gestalterischen Möglichkeiten zugunsten der Fledermäuse sind eben auch davon abhängig, ob im Garten Gemüse oder Obst angebaut, die repräsentative Wirkung eines Parks erzielt oder eine Wildnis entwickelt werden soll und ob im Garten Kinder spielen. Nicht zu vergessen sind Balkone, begrünte Dächer und Hauswände, die aufgrund ihrer speziellen Bedingungen andere Überlegungen erfordern.

Alle Gartentypen können den Bedürfnissen von Fledermäusen entsprechend gestaltet werden. Die Platzverhältnisse und die eigenen Nut-

zungsinteressen entscheiden darüber, für welche Fledermausart und für welchen Zweck geeignete Bereiche im Garten bereitgestellt werden können.

Dabei sind die drei Grundbedürfnisse des Lebens – Essen, Trinken, Schlafen – die Ausgangsbasis für Überlegungen und Möglichkeiten der Gestaltung. Die Bestandsgrößen der Fledermäuse werden davon bestimmt, wie viele Tiere im ungünstigsten Fall Nahrung, Wasser und Verstecke finden. Dabei bestimmen Wetter und Witterungsverlauf, welche Anzahl möglicher Quartiere und welches Ausmaß möglicher Nahrungstiere tatsächlich für die Fledermäuse nutzbar sind. So hilft ein noch so attraktiv strukturiertes Nahrungsgebiet nicht, wenn die Beutetiere fehlen, und das schönste Versteck nützt nichts, wenn es zu heiß oder zu kalt darin ist. Daraus ergibt sich zwangsläufig, dass sich die Nutzung eines Gartens durch Fledermäuse nicht nur jahreszeitlich verändert, sondern eben auch jahresweise Unterschiede in der Eignung von Quartieren und der Nahrungsverfügbarkeit zu beobachten sind.

Wie erkenne ich, ob Fledermäuse bei mir sind?

Die Beobachtung von Fledermäusen bei der Jagd ist oft der Ausgangspunkt für den Wunsch, Angebote für diese Tiere zu schaffen. So manches Mal zeigt sich dann bei genauerer Betrachtung, dass die Fledermäuse stärker präsent sind als angenommen: Die Spuren der Tiere am Quartier wurden nicht als solche erkannt, manchmal nicht einmal die fliegenden Exemplare. Daher einige Hinweise, woran man Fledermausvorkommen erkennen kann:

- Der Kot der Fledermäuse erinnert – je nach Größe der Fledermausart – an Mäusekot oder kleinen Rattenkot. Er kann an fast allen Arten von Orten gefunden werden, wo auch Nagetierkot gefunden wird, zusätzlich jedoch auch an der Hausfassade klebend oder auf Fensterbrettern, die für Maus und Ratte unerreichbar sind. Im Gegensatz zum Kot dieser Nagetiere lässt sich Fledermauskot im trockenen Zustand leicht zerreiben. Er zerfällt in kleine, glitzernde Teilchen, manchmal von staubartigem Charakter – je nach Beutetiere der Art. Es sind die zerkauten Insektenpanzer, die diese Konsistenz des Kotes bedingen. Ratten- und Mäusekot ist dagegen im trockenen Zustand hart und lässt sich – wenn überhaupt – nur mit großer Mühe zerkleinern. Eine geringe Verwechslungsmöglichkeit von Fledermauskot besteht mit dem Kot von Schlafmäusen, einer Gruppe von Nagetieren, die überwiegend Insekten und Früchte verzehrt. Zu den Schlafmäusen zählen zum Beispiel Haselmaus, Siebenschläfer und Gartenschläfer. Deren Kot lässt sich zwar zerreiben, es kostet aber etwas Mühe, und bei genauerer Betrachtung glitzert nur ein kleiner Teil der Krümel. Es finden sich in der Regel noch Fasern oder andere Pflanzenreste – etwa Samenhüllen und Kerne – darin. Der Kot der meisten Schlafmäuse ist außerdem dicker als der von Fledermäusen: Bei einem mittleren Kotdurchmesser von mehr als 4 Millimetern kommt eine Fledermaus als Urheberin kaum in Frage. Den größten Kotdurchmesser mit 4,5 Millimetern weist unter den heimischen Fledermausarten das Große Mausohr auf. Nur ausnahmsweise finden sich Kotpapillen von Fledermäusen bis zu einem Durchmesser von 5 Millimetern.

- Fraßreste können ebenfalls auf die Anwesenheit von Fledermäusen hinweisen. Am häufigsten sind abgebissene Falterflügel zu finden. Sie können sich an bestimmten Fraßplätzen regelrecht anhäufen.
- Auch Geräusche können auf die Spur der Fledermäuse führen. Neben den Ultraschallgeräuschen produzieren die Tiere auch für Menschen hörbare Laute, ähnlich dem Zirpen der Spitzmäuse. Zusätzlich können im Quartier auch Geräusche beim Klettern, Putzen oder Flügeltraining der Jungen zu hören sein.
- Fliegende Fledermäuse werden oft deshalb nicht erkannt, weil sie nicht erwartet wurden. Die Silhouette einer Fledermaus lässt keinen Schnabel erkennen, der Schwanz ist nicht klar von den Flügeln getrennt. Der Jagdflug verläuft in der Regel mit scharfen Wendungen und unterscheidet sich darin von dem der Vögel.

Spezielle Ansprüche einzelner Arten – etwa der Bedarf der Teichfledermaus an großen Seen und breiten Fließgewässern – lassen sich im Garten nicht realisieren. Bei anderen Arten wie dem Großen Mausohr ist zu entscheiden, ob ihre speziellen Ansprüche mit den eigenen Nutzungsvorstellungen im Garten vereinbar sind. Dann gibt es eine Gruppe von Fledermausarten, für die sich der Garten als Lebensraum regelrecht anbietet. Dazu gehören recht weit verbreitete Arten wie die Zwergfledermaus und das Braune Langohr, sodass die Aussichten für konkrete Hilfe für Fledermäuse im eigenen Garten nicht schlecht sind. Immer kann ein Garten – selbst ein einzelner Blumentopf – Nahrungsraum für Beutetiere der Fledermäuse sein.

Ein Garten für Fledermäuse ist ein Garten für Nachtfalter: Diese Falter orientieren sich beim Blütenbesuch zunächst am Duft der Blüte. Die Farbe nehmen sie erst bei Annäherung an den Pflanzenstandort wahr. Der Mittlere Weinschwärmer steht wie viele andere Nachtfalter auf dem Speiseplan der Fledermaus.

Kriterien für die fledermausfreundliche Bepflanzung des Gartens

Fledermäuse durch die Bepflanzung des Gartens zu fördern, erscheint für mitteleuropäische Verhältnisse vielleicht zunächst etwas seltsam, denn keine der heimischen Fledermausarten ist Vegetarierin, alle sind Insektenjäger. Wenn also bestimmte Pflanzen für Fledermäuse attraktiv sind, hat dies einen oder mehrere der folgenden Gründe:

- Bestimmte **Baumarten** sind beliebtere Quartierbäume als andere. So werden im Allgemeinen rauborkige Arten wie die Stiel-Eiche *(Quercus robur)* häufiger als Quartiere genutzt als glattborkige Arten wie die Buche *(Fagus sylvatica).*
- Die **Wuchsform** der Pflanze strukturiert den Garten auf eine für Fledermäuse attraktive Form, indem sie beispielsweise durch lockeren Wuchs eine gut abzusuchende Oberfläche bietet oder besonders attraktiv für anfliegende Insekten ist (Windschattensituation, Landmarke).
- Auf der Pflanzenart **entwickeln** sich **nachtaktive Insektenarten,** von denen zumindest einige als Fledermausbeute attraktiv sind. Beispiele hierfür sind die Königskerzen-Arten *(Verbascum* spec.).
- Die Pflanzenart **blüht nachts** und bietet daher **Nachtfaltern** eine Nahrungsquelle, beispielsweise die Weiße Lichtnelke *(Silene album).* Nachtblühende Pflanzen tendieren zu weißen oder gelben Blüten, da diese Farben unter dem fahlen Mondlicht eine gute Lichtausbeute (größtmögliche Lichtmenge wird reflektiert) und damit eine hohe Erkennbarkeit in der Dunkelheit ermöglichen. Kennzeichen nachtblühender Pflanzen mit nichtweißen und nichtgelben Blüten ist in der Regel eine Duftentwicklung in der Nacht.
- Die Pflanze blüht zwar tags, häufig **übernachten** aber **Taginsekten** auf ihr und werden dort von Fledermäusen erbeutet. Dies ist beispielsweise beim Schmetterlingsflieder *(Buddleja davidii)* der Fall.
- Die **Früchte** der Pflanze werden gerne von **nachtaktiven Insekten** aufgesucht, beispielsweise beim Wein *(Vitis inifera).*

Pflanzenarten, die für die Gestaltung eines fledermausfreundlichen Gartens besonders geeignet erscheinen, werden ab Seite 76 für die einzelnen Gartenbereiche genannt.

Neben der **Auswahl** geeigneter Pflanzenarten sollte man für eine fledermausfreundliche Gestaltung auch die **Anordnung** der Pflanzen beachten. Werden die Pflanzen streng nach Größe sortiert zu kompakten Blöcken zusammengestellt, gibt es dort weniger Möglichkeiten für Fledermäuse, Insekten zu jagen. Günstiger ist eine aufgelockerte Bepflanzung, bei der zwischen höher wachsenden Gruppen kleinere Pflanzen stehen. So vergrößert sich die absuchbare Oberfläche für die Fledermäuse erheblich. Das gilt gleichermaßen für Gehölzgruppen wie für Staudenbestände.

Nahrung für die Fledermaus

Bei Tieren mit solch großen Aktionsradien wie denjenigen der Fledermaus ist das Beutetierangebot der entscheidende Faktor für ihr lokales Auftreten. Gärten – jedenfalls innerhalb von Siedlungen – sind für Fledermäuse in den meisten Fällen gut auffindbar und werden von den Tieren mehr oder weniger regelmäßig durchflogen. Die Häufigkeit, mit der die Tiere auftauchen, hängt aber auch von der Umgebung ab. Beispielsweise werden Fledermäuse in der Nachbarschaft eines individuenreichen Sommerquartieres eher zu beobachten sein als in größerer Entfernung zum nächsten Quartier.

Wie lange sich eine jagende Fledermaus im Garten aufhält, hängt dagegen von dessen Attraktivität als Nahrungsraum ab. Im Folgenden werden einige Faktoren genannt, die einen Garten solchermaßen attraktiv für Fledermäuse machen. Der Garten sollte Strukturen aufweisen, die als Jagdräume für Fledermäuse attraktiv sind, sodass die Tiere die Ergiebigkeit des Gartens überhaupt erst testen. Aufgrund der spezialisierten Jagdstrategien der einzelnen Fledermausarten ist die Struktur von Gärten differenziert zu betrachten.

Arten wie der Abendsegler, die üblicherweise mehr großräumig im **freien Luftraum** – oberhalb der Baumwipfel – jagen, werden auf eine spezielle Situation im Garten nur in Ausnahmefällen reagieren. Solche Arten werden daher selbst in einem für Fledermäuse gestalteten Garten nur tageweise dort verweilen – dann nämlich, wenn sich bestimmte Beutetiere wie Maikäfer *(Melolontha melolontha* und *Melolontha hippocastanii)* oder Junikäfer *(Amphimallon solstitialis)* im Garten häufen.

Andere Arten lassen sich durch die Gartengestaltung eher motivieren, dort zu jagen. Folgende Beispiele mögen dies verdeutlichen.

Hecken und Bäume entlang der **Gartengrenzen** – besonders in Verbindung mit angrenzenden Wegen – fördern Arten wie die Breitflügelfledermaus, die gerne lange Strecken in gerader Linie bejagen.

Große **Einzelbäume** dagegen sind Landmarken für viele Insekten auf dem Hochzeitsflug und werden dementsprechend gerne auch von Fledermäusen angeflogen, die dort in engen Schleifen und Kurven fliegend die schwärmenden Insekten erbeuten.

Hinter **Hecken** oder Baumreihen, die den Wind abhalten oder eine Art geschützte Lichtung bilden, sind Insekten bei ungünstiger Witterung länger aktiv und entsprechend länger für die Fledermäuse verfügbar. Solche Stellen sind für die im freien Luftraum jagenden Arten wie Zwergfledermaus oder Mückenfledermaus ebenso attraktiv wie für diejenigen Arten, die auf dem Blattwerk sitzende Insekten erbeuten, beispielsweise die Langohr-Arten und die Bechsteinfledermaus.

Rasen und **unbewachsene Flächen** mit Laubschicht sind für das Große Mausohr interessant, weil diese Fledermausart Beuteinsekten, die sich am Boden bewegen, dort gut erreichen kann.

Für einige Arten wie die Bechsteinfledermaus sind auch **Vegetationsübergänge** interessant, beispielsweise Ränder von Staudenbeeten zu Rasen oder Übergänge zu Gehölzen. Für diese Arten ist ein gestufter Aufbau der einzelnen Pflanzengruppen wie in einem Staudenbeet günstiger als ein kontinuierlicher Übergang von niedrigen zu hohen Pflanzen, weil so die absuchbare Vegetationsoberfläche größer ist.

Gerne abgesucht werden auch **Holzflächen** oder **Wände,** an denen aufsitzende Insekten und Spinnen erbeutet werden. Gesteigert wird die Attraktivität solcher Freiräume durch **Wandbegrünungen** mit Kletterpflanzen wie Efeu *(Hedera helix)* oder Wildem Wein *(Parthenocissus*-Arten). Solche Wandbegrünungen können dicht mit Laubheuschrecken, beispielsweise der Punktierten Zartschrecke *(Leptophyes punctatissima)*, der Gewöhnlichen Eichenschrecke *(Meconema thalassinum)* und der Mittelmeer-Eichenschrecke *(Meconema meridionale)*, besiedelt sein. Zusätzlich finden sich Insekten am Abend zur Wärmeaufnahme und zum Schlafen je nach Ausrichtung der Wand – bevor-

Der Großer Abendsegler ❶ ist in der frühen Dämmerung auf langen Bahnen schnell über den Bäumen unterwegs. Nur für attraktive Beute wie Maikäfer ändert er seine Jagdweise. Die Breitflügelfledermaus ❷ fliegt entlang von Gehölzkanten meist in drei bis zehn Meter Höhe. Die Zwergfledermaus ❸ stürzt sich unruhig fliegend auf kleine Insekten. Die Wasserfledermaus ❹ jagt typischerweise dicht über der Wasseroberfläche. Das Braune Langohr ❺ erbeutet im Rüttelflug Insekten in der Baumkrone. Langsam fliegend sucht es das Blattwerk ab.

(nach: Gerlach, Christine & Cornelia Gerlach: Ein Garten für Fledermäuse, Jugendverband im Schleswig-Holsteinischen Heimatbund)

zugt an der Ostseite – ein. Wandbegrünungen werden daher von den am Laubwerk jagenden Fledermausarten wie dem Braunen Langohr häufig angeflogen.

Eine Bereicherung aus Sicht der Fledermaus sind allgemein alle Angebote, die einer großen Artenzahl von nachtaktiven Insekten und anderen Beutetieren Lebensmöglichkeiten bieten. Eine abwechslungsreiche Gestaltung des Gartens, sowohl hinsichtlich der Gestaltung der Oberfläche als auch der Bepflanzung, ist die Grundlage für ein kontinuierliches Nahrungsangebot für Fledermäuse, ohne dass dies im Garten zu nennenswerten Fraßschäden durch Beuteinsekten führt.

Auch Strukturen wie **Holzstapel** oder **Trockenmauern** bieten Lebensräume für Beutetiere und zusätzlich Versteckmöglichkeiten für Fledermäuse. Im Totholz entwickelt sich zum Beispiel je nach Holzsorte und Lagerzeit eine Vielzahl verschiedener Holzinsekten, zum Beispiel aus der Gruppe der Bockkäfer. In den Bohrgängen können sich Ameisen ansiedeln, deren geflügelte Geschlechtstiere während ihres Hochzeitsfluges zur Fledermausbeute werden können. Die Trockenmauer bietet Nachtfaltern Unterschlupf für Sommerschlaf und Überwinterung, daneben siedeln sich gerne Spinnen in den Fugen an. Auch in der Trockenmauer kommen Ameisenarten vor, die vom speziellen Kleinklima der Mauer profitieren und von Fledermäusen erbeutet werden können. Stützt die Trockenmauer Erdreich ab und erreicht eine gewisse Tiefe, kann sie sogar als Winterquartier dienen – zumindest für Zeiten mit geringem Frost.

Auch ein **Gartenteich** ist – sofern fischfrei – eine reiche Nahrungsquelle für Fledermäuse. Er sollte naturnah eingewachsen sein, aber auch offene Wasserflächen aufweisen. Attraktive Beutetiere aus dem Wasser, die auch nachtaktiv sind, sind beispielsweise Eintagsfliegen, Zuckmücken und Köcherfliegen. Über die Anlage von Gartenteichen gibt es eine Fülle von Schriften und auch verschiedene Auffassungen über die »richtige« Abdichtungsmethode und Form des Gewässers. Der Fledermaus sind diese Auffassungen für ihren Beutefang egal. Solange Beutetierschwärme über dem Wasser tanzen, ist ihr jede Gestaltung recht.

Günstig wirken sich auch »**Wildnisstrukturen**« aus: der abgestorbene Ast, der am Baum verbleibt; Stauden, die über den Winter stehen bleiben; die Gartenecke, die nur einmal im Jahr gemäht wird; Laubhaufen und Asthaufen in halbsonniger Lage oder Wildkräuter in Pflasterritzen, um nur einige Beispiele zu nennen. Jede einzelne dieser Strukturen bietet spezialisierten Insekten Lebensmöglichkeiten, einige davon sind wiederum nachtaktiv und kommen deshalb besonders als Fledermausbeute in Frage.

Übrigens können Fledermäuse dem Gärtner nicht nur durch den Fang pflanzenfressender Insekten helfen. Ihr Kot ist ein ausgewogener Pflanzendünger, der in verschiedener Weise angewandt werden kann (siehe auch Seite 84).

Wasser für die Fledermaus

Ein Gartenteich belebt den Garten und bietet einer Vielzahl von nachtaktiven Beutetieren der Fledermäuse – speziell Eintagsfliegen, Mücken und Köcherfliegen – Entwicklungsmöglichkeiten. Form und Größe des Gewässers sind für diese Funktion zweitrangig. Doch Fledermäuse brauchen auch Wasser zum Trinken – und aufgrund der Verdunstungsverluste über ihre großen Flughautflächen mehr als andere vergleichbar große Säugetiere: bei heißem und trockenem Wetter mehr als bei feuchter Witterung. Ihren Durst stillen die Tiere in der Regel im niedrigen Flug über Gewässern, wo sie nach Art der Schwalben Wasser aufnehmen. Niedrig anfliegend, senkt das Tier seine Flugbahn bis knapp über die Wasseroberfläche, sodass es diese erreicht und ein Maul voll Wasser fassen kann.

Knapp über der Wasseroberfläche fliegend, fasst die Fledermaus ein Maul voll Wasser. Ist das Wetter heiß und trocken, wiederholt sie den Anflug, um ihren Durst zu stillen.

Kleine Gartenteiche

Ein Gartenteich ist meist relativ klein. Soll ein Vogel oder eine Fledermaus an einem Gewässer von wenigen Quadratmetern Größe im Flug trinken können, müssen bestimmte Voraussetzungen erfüllt sein. Die Ufer sollten niedrig sein, damit ein flacher Anflug möglich ist. Darüber hinaus ist eine Anflugschneise vorzusehen, also eine Lücke in der Ufervegetation von mindestens 45 Zentimeter Breite. Und es muss eine offene, gerade Wasserstrecke von wenigstens 1,5 Meter Länge vorhanden sein, also ohne Schwimmblätter oder anderen Bewuchs. Je größer der Gartenteich ist, desto weniger notwendig sind offene Anflugwege.

Schwimmteiche

Bei Schwimmteichen ist eine besondere Ufergestaltung für Fledermäuse in der Regel nicht erforderlich, weil die Größen und Bauweisen dieser Teiche den Tieren meist eine Wasseraufnahme erlauben. Ist der Teich als Naturteich ausgeführt, werden ihn sehr wahrscheinlich auch Fledermäuse besuchen. Manche Teiche werden aber chemisch behandelt, etwa zur Algeneindämmung. Hierbei gilt es immer zu bedenken, dass Wasser auch Lebenselement und Trinkwasser für viele Tiere ist. Die Auswirkungen chemischer Behandlungsmittel auf verschiedene Tiere sind keineswegs immer bekannt und könnten erheblich sein. Um schädliche Eingriffe in das System zu vermeiden, ist es wichtig, den Teich in eine ausreichend stabile Balance der Lebewesen und der Nährstoffverhältnisse zu bringen – und das gelingt am ehesten ohne chemische Hilfsmittel zur Wasserklärung.

Fledermauswohnungen im Grünen

Jede Fledermausart hat ihre Vorlieben beim Quartier, wobei es zusätzlich jahreszeitliche und geschlechtsspezifische Unterschiede gibt. Erstaunlich viele und unterschiedlichste Strukturen können Quartier sein – die Vielfalt ist beträchtlich und konzentriert sich keineswegs nur auf Höhlen, Burgruinen und Dachböden alter Schlösser. Jedes Gebäude – genauer gesagt jedes Bauwerk – kann Fledermäuse beherbergen. Also auch eine Gartenhütte oder eine Mauer. Außerdem sind es die Pflanzen selbst, die Wohnraum für Fledermäuse bieten können.

Dabei müssen die Hohlräume keineswegs groß sein. Einem einzelnen Zwergfledermaus-Männchen etwa reicht ein Mauerspalt vom Volumen einer Streichholzschachtel als Versteck. In der Kammer eines Hohlblocksteines finden 50 Weibchen dieser Art mit ihren Jungen bequem Platz. Größeren Bedarf haben die Weibchen des Großen Mausohrs, die im Sommer großräumige Höhlungen bevorzugen und meist Dachbodenräume besiedeln. Die Männchen des Großen Mausohrs dagegen halten sich im Sommer häufig in kleineren Quartieren auf und sind nicht selten in Baumhöhlen zu finden, deren Volumen ein bis zwei Liter beträgt. Eine solche Baumhöhle reicht wiederum 30 Weibchen der Bechsteinfledermaus oder der Fransenfledermaus mit ihren Jungen als Quartier. Diese Tiere benötigen jedoch einige solcher Quartiere in dieser Größe: Sie ziehen häufig um.

Baumquartiere

Zunächst sind alte Bäume mit eventuell vorhandenen Höhlen und Spalten als geeignete Fledermausquartiere zu nennen. Nun hat nicht jeder einen so alten Baum im Garten. Doch auch ein jüngerer Baum reicht aus, um daran Ansiedlungskästen für Fledermäuse anzubringen. Diese Kästen gibt es in zwei Grundtypen:

- Spaltenkästen bieten einen Ersatz für natürliche Quartiere in Form von Spalten hinter abgelöster Rinde oder im Holz geborstener Stämme. Sie lassen sich aus Brettern einfach selbst herstellen.
- Höhlenkästen imitieren eine nach oben ausgefaulte Spechthöhle. Dieser Kastentyp ist schwer selbst herzustellen. Da er in seinem Inneren eine gerundete Kuppel aufweisen sollte, ist der Bau aus Brettern nicht sehr Erfolg versprechend. Hier ist es sinnvoller, die handelsüblichen Holzbetonkästen zu verwenden. Alternativ können hohle Aststücke oder Stammstücke zu einem Fledermauskasten umgebaut werden.

Kästen für Baumfledermäuse können an Bäumen oder an berankten Säulen, zum Beispiel Gartenpfosten, aufgehängt werden. Bei Rankpflanzen ist allerdings dafür zu sorgen, dass die Berankung die Einflugöffnung des Kastens nicht überwächst. Baupläne und Anleitungen zum Bau unterschiedlicher Fledermauskästen finden Sie ab Seite 140.

Das Aufhängen von Fledermauskästen an Bäumen

Zu welchem Zweck Fledermäuse einen Kasten aufsuchen, hängt weniger von dessen Bauart ab. Entscheidender für die Nutzung durch Fledermäuse sind der Hangplatz und seine mikroklimatischen Eigenschaften. Die Kästen sind in der Regel so konstruiert, dass sie grundsätzlich genügend Raum für eine Wochenstube bieten. Ein Sonderfall sind Winterschlafkästen, die großvolumiger sein sollten und gedämmt sind.

Wenn der aufzuhängende Kasten auch für die Jungenaufzucht geeignet sein soll, ist im Allgemeinen ein Platz im Schatten oder Halbschatten richtig. Im Detail hängt dies von den lokalklimatischen Verhältnissen ab. In warmen Regionen ist Schatten wichtiger, in kühlen Regionen werden Kästen mit zeitweiliger Besonnung bevorzugt. Die meisten Arten ziehen einen am Stamm angebrachten Kasten dem frei unter einem Ast pendelnden Modell vor. Nicht selten landen die Tiere am Stamm und kriechen von dort in den Kasten, was beim frei hängenden Kasten nicht geht. Zusätzlich könnte das Schaukeln stören. Für die Tiere könnte es den baldigen Absturz des Quartiers signalisieren. Da gibt es aber regionale Unterschiede, die auch mit der Marderdichte zusammenhängen können: Ein frei hängender Kasten mit spitzem Giebel ist für den Marder schwerer auszuplündern. Die Himmelsrichtung der Kastenöffnung ist dagegen ohne Belang. Nur sollten keine Hindernisse den Anflug und Abflug behindern.

Die Aufhängehöhe spielt eine untergeordnete Rolle, wobei Kästen, die in weniger als etwa 3 Meter Höhe aufgehängt sind, von den hoch fliegenden Arten seltener gefunden und genutzt werden. Im Garten ist darauf zu achten, dass die Kästen sowie die An- und Abflugbahnen der Fledermäuse nicht für Katzen erreichbar sind (siehe auch Seite 72).

Die Spaltenkästen sind in der Regel weitgehend wartungsfrei. Der Fledermauskot fällt durch die Öffnung nach unten. Lediglich wenn ein Baumläufer sein Nest in einem solchen Kasten gebaut hatte oder Wespen eingezogen waren, sind deren verlassene Bauwerke im Winter aus dem Kasten zu beseitigen. Die Baumhöhlenkästen dagegen müssen regelmäßig im Winter gereinigt werden, da sich der Kot im Inneren sonst anhäufen kann, auch bauen Vögel und Wespen gelegentlich Nester hinein, die beseitigt werden müssen. Lediglich die Winterschlafkästen sollten nicht im Winter gereinigt werden. Für diese Kästen ist der Zeitraum Ende März, Anfang April günstiger, wenn die Fledermäuse nicht mehr im Winterquartier sind beziehungsweise in die Sommerquartiere wechseln.

Nach dem Aufhängen kann es einige Jahre dauern, bis ein Kasten von den Fledermäusen genutzt wird. Wann im Jahr er aufgehängt wird, spielt daher eine untergeordnete Rolle. Die meisten Fledermausarten scheinen aber im Spätsommer, etwa ab Ende Juli, am aktivsten hinsichtlich der Entdeckung neuer Quartiere zu sein. Dann sind die Jungen, die sich die Quartiere in ihrem Gebiet erst erschließen müssen, flügge und viele Arten lösen sich von den angestammten Sommerquartieren und interessieren sich wohl mehr für neue Quartiere.

Fledermäuse, die bevorzugt in Baumhöhlen wohnen, nehmen auch Ersatzquartiere in Form von Kästen an. Der Kasten sollte an einem ruhigen Ort hängen und freien wie geschützten Anflug bieten.

Hütten und Häuser

In vielen Gärten stehen neben Bäumen auch Bauwerke als mögliche Standorte von Fledermausquartieren zur Verfügung. An Gartenhütten lassen sich zum Beispiel wie an Wohnhäusern Verschalungen anbringen, hinter die Fledermäuse schlüpfen können. Je nach Bautyp der Hütte ist es vielleicht auch möglich, ein Stück des Giebels für Fledermäuse abzutrennen oder den Dachboden insgesamt für Fledermäuse herzurichten.

Neben einem geeigneten Zugang sind es ruhige, dunkle Winkel, die eine Besiedlung durch Fledermäuse begünstigen. Ist der Dachboden hell, sollte man ihn abdunkeln oder es sollte ein dunkler Winkel durch eine Trennwand geschaffen werden. Fenster und Luken sollten hierfür so verdunkelt werden, dass die Scheiben vollständig mit lichtundurchlässiger Pappe oder mit Platten abgedeckt sind. So lässt sich gleichzeitig der Falleneffekt für Insekten beseitigen, die zum Überwintern auf den Dachboden kommen und im Frühjahr durch den Lichteinfall der Fenster angelockt werden und dort verenden.

Sehr einfach strukturierte, nicht ausgebaute Dachböden können eine Verbesserung erfahren, indem Verschalungen im Giebelbereich angebracht werden, um Winkel und Verstecke zu schaffen (Bild 2 und Bild 3). Eine solche Verbesserung besteht zum Beispiel darin, die aufeinandertreffenden Dachsparren in der Giebelspitze von beiden Seiten mit einem Bretterdreieck zu verbinden, sodass ein doppelwandiges Versteck möglichst hoch im First entsteht. Die eine Seite der Doppelwand misst von oben nach unten etwa 50 Zentimeter, die andere 60 Zentimeter – die überstehenden 10 Zentimeter des Brettes dienen als Landefläche. Die Fledermäuse kriechen von unten in die Spalte. So entstehen zwischen den Bretterdreiecken auf Sparrenbreite geschützte Winkel, die beispielsweise gerne vom Langohr besiedelt werden.

Der Einschlupf am Gebäude braucht für die Glattnasenfledermäuse nicht groß zu sein. Da die Tiere auch engere Gänge durchkriechen, reicht schon eine Öffnung von 2 × 5 Zentimeter Größe oder ein kreisrundes Loch mit 3,5 Zentimeter Durchmesser, um diese Fledermäuse einzulassen. Ist die Öffnung mit einer Kante oder einem Überstand gepaart, entdecken die Tiere den Zugang leichter. Der Vorteil kleiner

Quartier zwischen Giebelverkleidung und Mauer: Auf einer Lattung sitzt eine Bretterverschalung. Weil die Verschalung zum Dachraum verschlossen ist, eignet sich solch ein Quartier auch für den ausgebauten Dachboden (auf eine sorgfältige Abdichtung zum Innenraum ist zu achten, wie auch mögliche Geräuschentwicklung durch Soziallaute und Bewegungen im Raum zu bedenken). Der Einflug ist auf der Außenseite der Mauer. Auf der Innenseite muss die Mauer rau sein und die Fläche, die verkleidet wird, sollte mindestens 1 Quadratmeter messen.

Quartier im Pfettendach

Quartier im Sparrendach

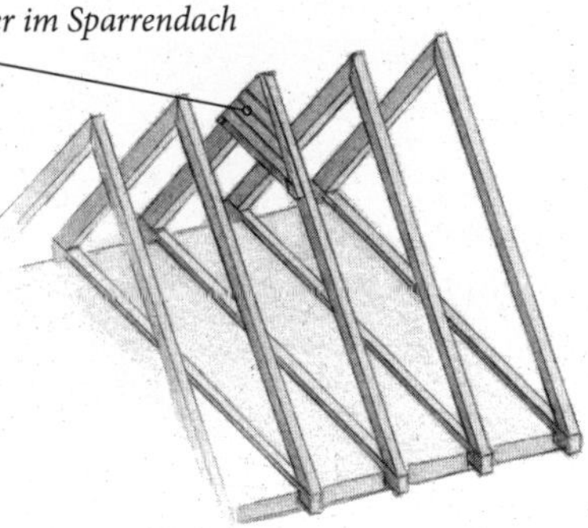

Quartier im Sparrenfeld für den nicht ausgebauten Dachboden: im einfachsten Fall eine Bretterwand, möglichst hoch unter der Dachschalung angebracht. Dachlatten schließen das Quartier seitlich und oben ab, unten ist die Einschlupfspalte. Die Breite des Innenraumes zwischen Dachschalung und Bretterwand verjüngt sich von unten 4,5 cm auf oben 2,4 cm. Ist die Schalung mit Holzschutzmittel behandelt, besser ein doppelwandiges Spaltenquartier auf die Schalung schrauben.

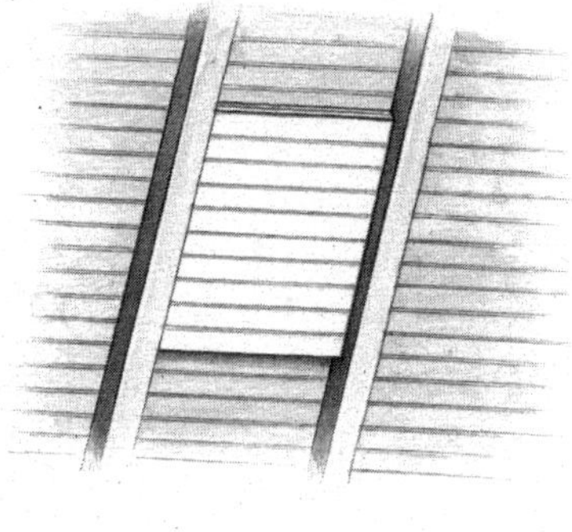

(Bilder nach: Dietz, Markus & Marion Weber: Das Baubuch, Arbeitskreis Wildbiologie an der Justus-Liebig-Universität Gießen e. V.)

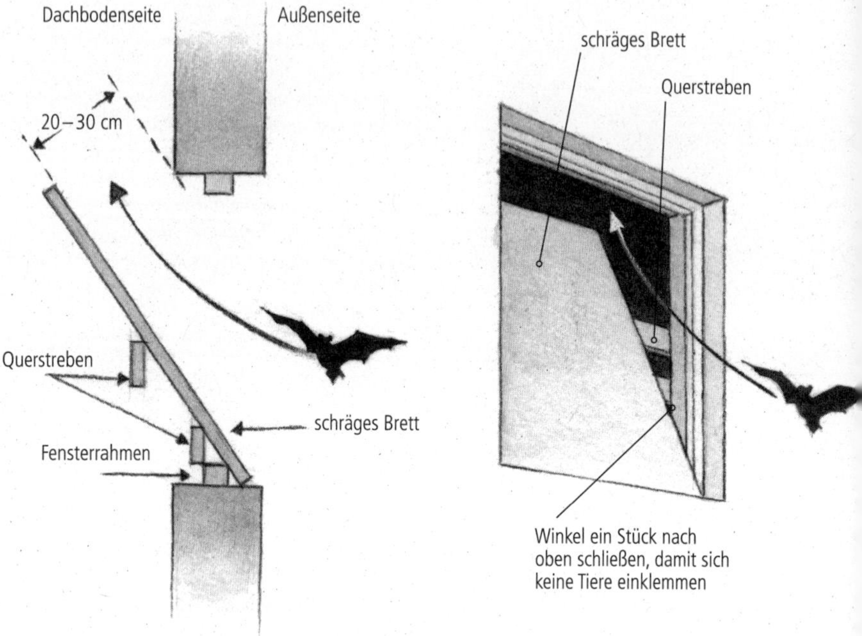

Fenster lassen sich so gestalten, dass Fledermäuse einfliegen können, nicht jedoch Tauben (links: im Querschnitt, rechts: in Aufsicht). Das schräg ins Fenster gestellte Brett mit Durchflugmöglichkeit von unten nach oben macht die Öffnung für Tauben unpassierbar. Tauben gehen vorzugsweise zu Fuß ins Innere. Eine Fensterbank kommt ihnen entgegen, nicht jedoch eine Schallluke ohne Landemöglichkeit oder ein nur im oberen Drittel offenes Fenster. Wo es keine verwilderten Haustauben gibt, sind diese Maßnahmen nicht sinnvoll.

(nach: Rudolph, Bernd-Ulrich, Carola Lang & Friederike Bleckmann: Fledermäuse an Gebäuden. Erkennen, erhalten, gestalten, Bayerisches Landesamt für Umwelt, 2008)

Öffnungen liegt auf der Hand: Marder und andere Beutegreifer können nicht in das Quartier gelangen. Der Einschlupf am Gebäude sollte nicht von Scheinwerfern angestrahlt werden und nicht im Bereich von Bewegungsmeldern liegen. Im Umkreis von etwa 1 Meter vor und unter dem Einschlupf sollte nichts den Anflug behindern.

Leider bevorzugen manche Fledermausarten wie das Große Mausohr größere Einflugöffnungen, und die Hufeisennasen sind auf Öffnungen angewiesen, die sie durchfliegen können. Die Öffnungen sollten für diese Arten etwa so breit wie deren Flügelspannweite sein und in der Höhe etwas mehr als die halbe Flügelspannweite messen, obwohl auch engere Öffnungen durchflogen werden können, wenn es keine längeren Engstellen sind. Bei der Großen Hufeisennase wäre die Öffnung auf etwa 40 × 25 Zentimeter, bei der Kleinen Hufeisennase auf etwa 25 × 15 Zentimeter anzusetzen. Solche Öffnungen lassen sich an Gartenhütten oder anderen niedrigen Gebäuden nur mit speziellen Konstruktionen so gestalten, dass verwilderte Haustauben und Marder nicht in den Dachbodenraum gelangen. Gegen den Marder helfen Blechmanschetten – etwa 50 Zentimeter breit – rund um die Öffnung. Bei Problemen durch Tauben muss eine Schikane für die Vögel eingebaut werden, etwa ein schräg aufwärts zu durchfliegender Abschnitt.

Ist die Hütte gemauert, können beim Bau wie auch nachträglich spezielle Niststeine für Fledermäuse in das Mauerwerk eingebaut werden.

Bei Hohlblock-Steinmauerwerk ist es preislich günstiger, die Kammern im Mauerwerk durch eine Öffnung für Fledermäuse zugänglich zu machen. Diese Öffnung sollte etwa 3,2 Zentimeter im Durchmesser haben oder etwa 5 Zentimeter breit und 2,5 Zentimeter hoch sein. Solch ein Loch kann je nach verwendetem Hohlblocksteintyp und Qualität der Vermörtelung ein umfangreiches Labyrinth im Mauerwerk, das sich unter Umständen sogar als Winterquartier eignet, für die Tiere zugänglich machen.

Im Gegensatz zu speziellen Quartiersteinen lassen sich die Hohlräume in einem solchermaßen geöffneten und von Fledermäusen genutzten Hohlblock-Steinmauerwerk nicht reinigen. Wichtig ist auch, dass Kammersteine aus Ton unzugänglich bleiben sollten. Diese Steine sind ziemlich glatt, sodass Fledermäuse nach dem Einschlüpfen möglicherweise nicht mehr herausklettern können und in der Mauer gefangen sind.

Einige Fledermausarten siedeln bevorzugt an bewohnten Gebäuden. Das hängt wohl mit dem speziellen Mikroklima der Gebäude zusammen, in denen sich der Mensch um ein für ihn angenehmes Klima durch Lüften und Heizen bemüht. Darin liegt aber auch ein besonderes Risiko für Fledermäuse: Instandhaltung und Modernisierung greifen dort stärker in den Quartierbestand ein als bei unbewohnten Nebengebäuden.

Baustoffe und Fledermäuse

Nicht alle Materialien, die beim Hausbau üblich sind, vertragen sich gut mit Fledermäusen. Grundsätzlich sollten die Werkstoffe, mit denen Fledermäuse in Kontakt kommen können, folgende Eigenschaften aufweisen: Sie sollten chemisch neutral sein, mechanisch stabil und für Fledermäuse griffige Oberflächen haben.

▹ chemisch neutral

Die Baumaterialien sollen im ausgehärteten Zustand keine Substanzen freisetzen, die gesundheitliche Beeinträchtigungen der Fledermäuse verursachen. Kritische Stoffe können insbesondere Holzbehandlungsmittel und Dichtungsmittel sein. Holz wird meist vorbeugend gegen Insekten und Pilzbefall behandelt. Diese Substanzen können die Haut der Fledermäuse reizen, ausgasende Stoffe können von den Tieren eingeatmet werden.

Im Kontaktbereich zu Fledermäusen sollte daher möglichst vollständig auf Schutzmittel gegen Insekten und Pilze verzichtet werden. Bei Dichtungsmitteln sind es vor allem bitumenhaltige Dachabdichtungsmaterialien, die bei starker Sonneneinstrahlung weich werden und nicht nur eventuell entstandene Risse der Dachhaut neu verkleben, sondern gegebenenfalls Fledermäuse mit ankleben. Auch können aus manchen Kunststoffen chemische Hilfsstoffe entweichen, zum Beispiel giftige Weichmacher.

▹ mechanisch stabil

Speziell zur Dämmung kommen heute viele Materialien zum Einsatz, die den mechanischen Anforderungen darauf herumkletternder Fledermäuse nicht gewachsen sind. Dies gilt für Schaumpolystyrolplatten ebenso wie für Holzfaserdämmplatten, Steinwolle und Glaswolle, abgeschwächt auch für Schafwollplatten und Hanffaserplatten. Zur Abnutzung der Platten durch die Fledermäuse kommt hinzu, dass einige Faserplattenarten lungengängige Stäube absondern, die zu einer Reizung der Lungenschleimhäute führen können und die Fledermäuse erkranken lassen. Dämmmaterialien sollten daher grundsätzlich so verbaut werden, dass sie von den Fledermäusen nicht erreicht werden können.

Ein Sonderfall mechanischer Stabilität können spezielle Putze sein, die – unter dem Einfluss der Salze im Fledermausurin – verschwächen und sich dann auflösen. Dieser Fall ist in der langjährigen Praxis des Autors einmal aufgetreten. Leider konnte der chemische Hintergrund nicht mehr geklärt werden, da die Putzart nicht mehr genau zu bestimmen war. Ein fehlerhaftes Mischungsverhältnis im Putz könnte das Problem mitbedingt haben, denn auch sonst waren am Gebäude einige Flickstellen im Putz vorhanden. In solch einem Fall lässt sich das Eindringen des Urins gegebenenfalls durch einen Schutzanstrich verhindern.

▹ **griffig für die Fledermaus**

Damit eine Fledermaus einen Werkstoff beklettern kann, muss er eine gewisse Rauigkeit aufweisen, damit die Krallenspitzen des Tieres Halt finden. An Tonsteinen und beschichteten Dachsteinen stoßen die Tiere an Grenzen, ebenso bietet ein hoch verdichteter, glatt verarbeiteter Sichtbeton den Tieren kaum Halt. Auch gehobelte Bretter und kunstharzgebundene Fassadenplatten sind zu glatt, als dass die Tiere auf den Flächen Halt finden könnten.

Die Oberfläche sollte rau sein, komfortabel für die Fledermäuse ist der klassische graue Hohlblockstein. Durch glattere Steine, die die Tiere gerade noch beklettern können, nutzen sich die Krallenspitzen stark ab. Im Extremfall verlieren die Tiere bis zum Nachwachsen der Krallen ihre Fähigkeit zu klettern. Mineralische Putze sind in der Regel – unabhängig von der Form des Auftrages – rau genug, damit Fledermäuse sie beklettern können. Das kann vom Farbauftrag nicht unbedingt gesagt werden. Ähnlich wie manche Kunststoffputze bilden manche Wandfarben und Farbanstriche sehr glatte Oberflächen, die für Fledermäuse nur einen geringen oder keinen Halt bieten. Leider sind bisher keine Untersuchungen bekannt, welche Sorten von Farbanstrichen und Wandfarben von Fledermäusen – auch abhängig von der darunterliegenden Putzstruktur – beklettert werden können.

Bei der Vielzahl der eingesetzten Stoffe und stetigen Neuentwicklungen ist es an dieser Stelle nicht möglich, eine vollständige Auflistung kritischer Baustoffe wiederzugeben. Untersuchungen zu diesem Thema stammen überwiegend aus den achtziger und neunziger Jahren des letzten Jahrhunderts und sind nicht mehr aktuell. So werden die damals als unproblematisch eingestuften Salzimprägnierungen wie auch die Pyrethroide inzwischen kritischer betrachtet.

Großflächige Veränderungen der Außenfassade entstehen beispielsweise durch die Fassadendämmung – vorhandene Spalten werden verdeckt. Im schlimmsten Fall werden anwesende Fledermäuse im Quartier eingeschlossen und kommen dort um. Je nach Situation ist deshalb zu prüfen, ob Fledermäuse vorhandene Spalten nutzen. Das weitere Vorgehen sollte möglichst auf das Fledermausvorkommen abgestimmt werden: Wann kann die Maßnahme ohne Gefahr für die Tiere erfolgen? Kann das Quartier erhalten werden oder welche Ersatzangebote sind erforderlich, um die Funktionen des bisherigen Quartiers für die Zeit nach dem Umbau zu gewährleisten?

Die Renovierung oder das Anbringen einer Dämmung ist aber auch immer eine Gelegenheit, Ansiedlungsmöglichkeiten für Fledermäuse zu schaffen. Denn in der Regel wird dann ein Gerüst aufgestellt, das gleichzeitig auch als Arbeitsplattform für andere Arbeiten an der Fassade zur Verfügung steht. Ganz gleich, ob Spaltenquartiere auf der Fassade – als Fledermausbrett oder Fassadenverkleidung – angebracht werden sollen, Niststeine im Mauerwerk eingebaut oder Durchgänge durch die Mauer auf den Dachboden vorgesehen sind, erleichtert ein Gerüst die Arbeit erheblich und ermöglicht sicheres Arbeiten.

Soll das Gebäude gedämmt und dabei ein Quartierangebot eingebaut werden oder sollen an einem gedämmten Gebäude nachträglich Angebote in das Mauerwerk integriert werden, sind stets auch bauphysikalische Aspekte zu beachten. Eine Unterbrechung der Dämmung kann über mögliche Energieverluste hinaus auch zur Feuchtebildung in der Wand führen. Entsprechend sorgfältig sollte man ein solches Vorhaben planen.

Keller und Mieten

Vielleicht gibt es auch einen Lagerkeller oder eine begehbare Miete auf dem Grundstück. Diese Lager für Gemüse und anderes eignen sich meist auch gut als Winterschlafplätze für Fledermäuse und können dementsprechend für Fledermäuse zugänglich gemacht werden.

Will man die Räume zur Lagerung von Gartenerzeugnissen nutzen, sollte man das Lagergut so abdecken, dass eventuell im Flug oder am Hangplatz abgegebener Fledermauskot nicht mit dem Lagergut in Berührung kommt. Besteht der ansonsten fledermausfreundliche Keller aus nur einem Raum, der zum Beispiel zur Lagergut-Entnahme regelmäßig begangen wird, ist dies für Fledermäuse kein Grund, den Keller zu meiden. Dafür sind günstige Winterquartiere viel zu selten. In tiefen Spalten versteckt, fühlen sich die Tiere sicher genug, um trotzdem dort zu überwintern. Sollte der Keller kaum Spalten aufweisen, kann man Verstecke anbieten, indem man Kammersteine, die der Dauerfeuchte standhalten, oder eine Trockenmauer einbaut.

Ein Gartenhaus kann Fledermäusen viele Quartiere bieten: ① – im Dachboden mit Einflugöffnung, hinter der Blechabdeckung, in der Spalte neben der Firstpfette; ② – hinter Wandverschalung und Holzverkleidung; ③ – hinter Fensterläden, hinter Rollläden, in nicht genutzten Rollladenkästen; ④ – in Holzstapeln; ⑤ – in Fledermausquartieren; ⑥ – zwischen Dachziegeln und Unterdach, hinter dem Windbrett.

Trockenmauern und Stützmauern

Von der Trockenmauer im Keller wechseln wir wieder an die Oberfläche des Gartens: Auch eine Trockenmauer im Garten kann als Fledermausquartier interessant sein. Sie bietet sich vor allem bei Gärten in Hanglagen als Gestaltungselement an. Soll die Mauer gleichzeitig ein Angebot an Fledermäuse sein, sollte sie mindestens einen Meter hoch sein und innerhalb der Steinlagen sollte es geeignete Hohlräume geben. Die Höhe der Mauer ist dabei eher für das Erkennen des Quartierplatzes bedeutsam. Je höher die Mauer ist, desto mehr erleichtert sie das Entdecken des Quartiers. In welcher Höhe sich die Einflugöffnung befindet, ist für eine Nutzung zweitrangig, allerdings sind niedrig liegende Öffnungen leichter für Katzen und andere Raubtiere erreichbar.

Wichtig ist die kleinklimatische Situation. Soll eine Spalte als Winterquartier dienen, muss sie mindestens einen halben Meter tief ins Mauerwerk reichen, und ein Hohlraum sollte für diesen Zweck gedämmt sein. Spalten oder Hohlräume in den sich besser erwärmenden Teilen der Mauer können als Sommerquartiere dienen. Neben dem Gestalten von Mauerspalten während des Baus ist es möglich, die bereits erwähnten Ansiedlungssteine einzubauen (siehe Seite 55). Diese Steine lassen sich auch nachträglich in eine bereits vorhandene Stützmauer integrieren, selbst wenn die Mauer vermörtelt ist.

Eine Stützmauer oder Steilböschung kann auch dann mit einem Fledermausquartierangebot versehen werden, wenn sie eine Terrasse abstützt. Manchmal ist auch ein frei tragender Balkon im Erdgeschoss vorhanden, unter dem es einen niedrigen, dunklen Winkel gibt. Solch ein Platz könnte abgemauert werden, um ein Fledermausquartier anzubieten. Die Außenseite kann beliebig gestaltet sein, sofern sie ausreichend gegen Auskühlung geschützt ist, etwa durch Erdanschüttung oder Dämmung. Die Innenseite sollte reichlich Nischen und Spalten bieten, damit sich Fledermäuse mit verschiedenen Ansprüchen passende Verstecke suchen können. Die Öffnung legt man sinnvollerweise an der Seite an, damit sich ein möglichst breites Temperaturspektrum vom Eingang bis zum Ende des Hohlraumes entwickeln kann. Je nach Stärke der Balkonplatte könnte zusätzlich eine Dämmung der Platte sinnvoll sein.

Verstecke zwischen Lagergut

Nicht selten verstecken sich Fledermäuse zwischen gelagerten Materialien. Einige Beispiele: mit Abstandhaltern gelagerte Bretter und Platten in einem offenen Schuppen; Bretter oder Holzstangen, unter einem Dachvorsprung an die Wand gelehnt, bieten Spalten für Fledermäuse; häufig sind auch Brennholzstapel bewohnt.

Gerade Brennholzstapel lagern vor dem Verbrennen korrekterweise mehrere Jahre zur Trocknung und entstehen nach dem Verbrauch meist am gleichen Platz wieder neu, sodass sich manchmal eine regelrechte Nutzungstradition durch Fledermäuse entwickelt. Wochenstuben sind in den Holzstapeln selten, aber auch die Männchen brauchen Tagesverstecke, und die Stapel können je nach Lage und Größe auch als Winterquartiere dienen. Dabei deutet sich schon ein Problem an, denn eines Tages wird das Holz im Winter verbraucht. Es ist also an der Zeit, sich Gedanken über das zu machen, was im Garten für Fledermäuse gefährlich ist, und wie diese Gefahren vermindert werden können (siehe ab Seite 64).

Fledermausbretter an der Hauswand bieten Spalten bewohnenden Fledermäusen ein Ersatzquartier. Mit etwas Glück wohnen im Sommer dort auch Wochenstubengesellschaften.

Fledermäuse beobachten

Der naheliegende Wunsch, Fledermäuse im eigenen Garten genauer zu beobachten oder regelmäßig Einblick in das Quartier zu nehmen, ist nicht einfach zu erfüllen. Das Aufsuchen der Fledermäuse in ihren Quartieren ist – aus gutem Grund – in den Naturschutzgesetzen der meisten europäischen Länder verboten. Eine Nachschau im Quartier stört die Tiere, kann zu erhöhter Jungensterblichkeit führen oder die Tiere vertreiben (siehe auch Seite 21). Außerhalb des Quartiers sind die Fledermäuse aufgrund ihrer nächtlichen Lebensweise nur schwer zu beobachten. Wer nicht stören will, sollte sich mit dem abendlichen Ausflug der Tiere in der Dämmerung oder zufälligen Beobachtungen von Fledermäusen am Tag oder unter Straßenlaternen durchfliegend begnügen – oder er muss in Beobachtungstechnik investieren.

Das wichtigste Hilfsmittel bei der Fledermausbeobachtung im Jagdgebiet ist der Ultraschalldetektor, umgangssprachlich auch »Fledermausdetektor« oder »Bat-Detektor« genannt. Mit diesem Gerät werden die Ultraschall-Ortungslaute der Fledermäuse hörbar gemacht. Brauchbare Geräte, mit denen die Fledermäuse beobachtet und teilweise auch bestimmt werden können, gibt es in der einfachen Ausführung mit Frequenzwahl- und Lautstärkeregler (gute Geräte derzeit ab etwa 70 Euro) und als komfortablere Variante mit automatischer Frequenzanzeige (derzeit ab etwa 180 Euro) zum Beispiel von der »SSF-Stiftung zum Schutze unserer Fledermäuse in der Schweiz« (siehe auch Seite 154).

Die Geräte eignen sich auch für Kinder, wobei Detektoren mit größerem Funktionsumfang aufgrund von Multifunktionsknöpfen etwas komplizierter zu bedienen sind und deshalb eher größere Kinder damit umgehen können. Vom Kauf spezieller Geräte für Kinder ist abzuraten, wenn es keine Frequenzwahlmöglichkeit am Gerät gibt. Es lohnt sich meist nicht, denn der Preisunterschied ist nur bei schlechten Kindergeräten erheblich. Wenn die Kinder älter werden und mehr mit den Geräten erreichen wollen, muss sonst ein neues Gerät angeschafft werden.

Je nach Qualität von Mikrofon und Ausstattung (Anschlussmöglichkeiten, Bauart der Elektronik und anderes) muss erheblich mehr für das Gerät investiert werden.

Ein Nachtsichtgerät kann ebenfalls helfen, Fledermäuse bei der Jagd zu beobachten.

Beobachtungen im Quartier sind je nach Quartierbeschaffenheit mit Hilfe von Infrarotkameras möglich. Für die Installation im Quartier ist eine entsprechende artenschutzrechtliche Genehmigung erforderlich und die Montage sollte nicht durch Personen ohne Erfahrungen mit Fledermäusen erfolgen. Die Kamera so zu positionieren, dass Fledermäuse nicht gestört werden und dann auch auf dem Bild zu sehen sind, ist oft nicht einfach.

In der Regel ist es geschickter, zunächst Kontakt zu einem Fledermausfachmann aufzunehmen, statt sich gleich selbst auszurüsten. Meist kommt der Fachmann gerne, weil er darauf angewiesen ist, dass die Bevölkerung bei der Suche nach Fledermausquartieren mithilft. Er kann aufgrund seiner Erfahrung auch erläutern, was zu hören oder zu sehen ist, denn die Interpretation des Gehörten und Gesehenen ist eine weitere Hürde beim Einstieg in die Welt der Fledermäuse.

Ansonsten gibt es vielfältige Veranstaltungen rund um das Thema Fledermäuse, worunter die Fledermausexkursionen zum Beobachten der jagenden Tiere und die sogenannten »Live-Schaltungen« (Übertragung von Infrarot-Kamerabildern aus dem Quartier in einen Zuschauerraum) als Einstiege in die Welt der Fledermäuse besonders interessant sein dürften. Auch der Besuch von Fledermausfesten – wie sie etwa aus Anlass der europäischen Fledermausnacht alljährlich am letzten Augustwochenende stattfinden – oder der Besuch eines Fledermaus-Informationszentrums (in Deutschland beispielsweise das Noctalis in Bad Segeberg) kann als Einstieg in die Welt der Fledermäuse empfohlen werden (Adressen siehe ab Seite 151).

Fallen und Tücken für Fledermäuse im Garten

Die bisherigen Kapitel haben erläutert, welche Baumaßnahmen und Quartiere Fledermäuse fördern. Im folgenden Abschnitt sollen Strukturen und Situationen angesprochen werden, die Fledermäuse gefährden und daher in einem fledermausfreundlichen Garten zu vermeiden oder zu beseitigen sind.

Der giftfreie Garten

Wer Fledermäusen helfen will, vermeidet jeglichen Gifteinsatz im Garten. Er hilft damit auch sich selbst. Gifte belasten und reduzieren die Nahrungstiere der Fledermäuse, sie bedingen eine unausgewogene Lebewelt im Garten und lassen die Insektenmengen stark schwanken. Ein Übermaß an Insekten können Fledermäuse und andere Insektenfresser nicht mehr wirksam dämpfen.

Selbstverständlich dürfen auch die Baumaterialien für Fledermaus-Ansiedlungshilfen nicht mit Giften, zum Beispiel vorbeugendem Holzschutz gegen Insekten und Pilzbefall mit bioziden Chemikalien, oder mit gesundheitsschädlichen Farben behandelt werden (siehe auch Seite 56). Gifte werden schließlich nicht nur über die Verdauung, sondern auch über die Atemluft und die Haut aufgenommen. Und durch ihre Flügel hat die Fledermaus im Verhältnis zu anderen Säugetieren eine erheblich größere Hautfläche.

Dabei können auch geringe Mengen problematisch sein: Langlebige Gifte wie Chlorkohlenwasserstoffe reichern sich im Körper der Fledermaus an. Sie werden im Fettgewebe deponiert und mit dem Abbau der Fettreserven gegen Ende des Winterschlafs in den Blutkreislauf gebracht. Stark belastete Tiere sterben dann. Da das Gift über die Muttermilch weitergegeben wird, finden sich beispielsweise heute noch Rückstände des 1972 in Deutschland und in der Schweiz verbotenen

Giftes DDT in Fledermäusen. In Österreich wurde das Gift erst 1992 verboten, aber schon seit den 1970er-Jahren kaum noch angewendet.

Brennholz und anderes Lagergut

Gelagertes Brennholz, Bretter und anderes gestapeltes Material im Garten oder in offenen Schuppen wird nicht selten von Fledermäusen als Quartier genutzt. Besonders die kleinen Arten Zwergfledermaus und Rauhautfledermaus verstecken sich relativ häufig zwischen Brennholz, aber auch die Langohrfledermäuse und die zu den großen Arten zählende Breitflügelfledermaus finden sich nicht selten in Materialstapeln.

Bei der Entnahme von Lagergut muss man daher an die Tiere denken: So manche Fledermaus wurde schon mit einem Arm voll Brennholz ins Haus getragen und dabei tödlich verletzt. Das Lagergut ist also immer in Einzelstücken wegzunehmen und das Material möglichst immer so zu entnehmen, dass der Rest nicht verrutscht, zum Beispiel Brennholz von oben wegnehmen und nicht von unten.

Fledermäuse können so rechtzeitig gesehen und geborgen werden. Das Tier wird dann am besten mit einem Tuch oder mit Arbeitshandschuhen aufgenommen und in einen Kasten mit einem weichen Tuch oder in einen Vogelnistkasten mit zugestopftem Loch gesetzt (siehe auch Seite 74). Außerhalb des Winters kann eine so entdeckte und im Kasten geborgene Fledermaus bis zum Abend an einen schattigen, ruhigen Platz gestellt werden. Zu Beginn der Dämmerung wird der Propf im Ausflug entfernt, damit das Tier abfliegen und sich ein anderes Quartier suchen kann. Im Winter sollte das Tier bei 3 bis 6 Grad Celsius bewahrt und ein Fledermausspezialist hinzugezogen werden. Abhängig von der Art, von ihrem Ernährungszustand und der aktuellen Witterung muss entschieden werden, wann und wo die Fledermaus in ein passendes Quartier umgesetzt werden kann. Bei anderer Vorgehensweise können im Stapel sitzende Fledermäuse verletzt werden.

Das Verletzungsrisiko bei Brennholz lässt sich übrigens durch die Lagerung des Holzes in Steigen minimieren, übersichtliche Einheiten können so ohne Nachrutschen von Holzscheiten entnommen werden.

Offene Gefäße

Oben offene Gefäße wie Vasen, Blumentöpfe oder Eimer verwechseln Fledermäuse gelegentlich mit nach oben offenen Baumhöhlen. Die Tiere landen in dem Gefäß und merken zu spät, dass sie in der Falle sitzen. Der Gefäßdurchmesser ist zu eng, um wegzufliegen, die Wände zu glatt, um herauszuklettern. Die Laute des gefangenen Tieres locken Artgenossen an, die dann ebenfalls in dem Behältnis landen und zu Mitgefangenen werden. Werden die Tiere nicht rechtzeitig entdeckt, ist ihr qualvolles Schicksal vorprogrammiert. Oben offene Gefäße sollten entweder abgedeckt, mit den Öffnungen nach unten gelagert oder mit Material gefüllt werden, damit sich keine Fledermaus darin fangen kann.

Regentonnen

In Regentonnen werden immer wieder ertrunkene Fledermäuse entdeckt. In diesen Fällen sind es wohl die Fallrohre der Dachrinne, die von den Fledermäusen als mögliche Quartiere gesehen werden. Im glatten Fallrohr geht es dann abwärts und entweder in die Kanalisation oder in eine aufgestellte Regentonne. Ist die Tonne nicht bis zum Rand gefüllt, hat die Fledermaus nur geringe Aussicht, das Wasser zu verlassen und sich zu retten. Zwar können viele Fledermäuse auch von einer Wasseroberfläche aus starten. Das scheint aber auf der eng begrenzten Wasserfläche einer Tonne nicht leicht zu sein.

Deshalb sollte eine Regentonne mit einer engmaschigen Gaze (»Fliegendraht«) abgedeckt sein – bei einem vorhandenen Tonnendeckel gilt dies zumindest für die Aussparung des Fallrohres. Dies hat den zusätzlichen Effekt, dass auch keine Jungvögel darin ertrinken und sich keine Stechmücken in der Regentonne entwickeln können. Ganz nebenbei gelangt auch weniger Schmutz in das Wasser.

Teiche und Schwimmbäder ohne Ausstieg

Problematisch können auch große künstliche Wasserflächen sein. Fällt eine Fledermaus ins Wasser, kann sie normalerweise von der Wasseroberfläche wieder starten. Schafft sie es nicht, kann sie sich durchaus eine Weile mit Flügelschlägen auf dem Wasser bewegen. Ein Großer Abendsegler wurde schon beobachtet, wie er 20 Meter weit schwamm, um zum Ufer zu gelangen.

Aus Schwimmbädern werden jedoch immer wieder ertrunkene Fledermäuse gemeldet. Der genaue Hergang ist noch unklar. Womöglich versuchen die Tiere dort zu trinken, der Geschmack des chemisch behandelten Wassers führt zu einer Schreckreaktion und das Tier fällt ins Becken. Je nach Intensität der chemischen Zusätze und der individuellen Kondition der Fledermaus kann es über die großen Hautflächen relativ schnell zu Beeinträchtigungen des Tieres kommen, die den Abflug von der Wasseroberfläche erschweren oder unmöglich machen. Kommen dann noch wie in Schwimmbädern üblich senkrechte Beckenwände hinzu, wird die Fledermaus zwangsläufig umkommen.

Um dies zu vermeiden, sollte das Wasser möglichst chlorfrei beziehungsweise chemikalienfrei desinfiziert werden, beispielsweise mit einer Bakterienbekämpfung durch UV-Licht. Darüber hinaus sollten in

Schwimmbecken nachts »Rettungsinseln« schwimmen, die rau genug sind, dass sie von einer Fledermaus erklettert werden können. Um halbwegs kurze Wege im Wasser zu gewährleisten, sollte der Abstand zwischen den Rettungsinseln bei chemisch behandeltem Wasser nicht mehr als 2 Meter betragen.

Problematisch kann auch ein Gartenteich sein, wenn sein Ufer einen steilen Rand hat. Nicht jede Fledermaus schafft es, von der Oberfläche eines Teiches abzufliegen, wenn sie ins Wasser gefallen ist. Ist das Ufer zu steil, kommt sie nicht mehr aus dem Wasser und wird ertrinken wie in einer Regentonne. In solch einem Fall helfen nur Ausstiegshilfen am Ufer in regelmäßigen Abständen, etwa in Form von Holzstücken oder rauen Steinen, die das Steilstück überbrücken.

Gekippte Fenster

Ein gekipptes Fenster scheint für eine von außen ortende Fledermaus eine attraktive Öffnung zu sein. Wie ein waagrechter Spalt unter einem Felsüberhang lädt das gekippte Fenster offenbar zur näheren Untersuchung auf die Eignung als Balzquartier oder Winterquartier ein. Nach dem Durchflug stellt sich die Situation für die Fledermaus anders dar als erwartet. Das Tier hat Probleme, den Spalt zu orten, der nach draußen führt: Fenstergewandung und Fensterrahmen werfen das Echo so umfassend zurück, dass die Öffnung überhaupt nur in einem bestimmten Winkel wahrgenommen werden kann. Hängt dann noch eine Gardine vor dem Fenster, ist der Ausgang für die Fledermaus nur noch zu orten, wenn sie es zwischen Vorhang und Fenster schafft.

Gekippte Fenster sind daher Fallen für Fledermäuse – abgesehen davon, dass die Lüftungswirkung schlecht ist, sollte ein Fenster im Interesse der Tiere möglichst nicht gekippt werden. Besonders groß ist die Gefahr von Einflügen im Spätsommer, wenn die unerfahrenen Jungtiere unterwegs sind. Auch nach Frosteinbrüchen im Winter besteht diese Gefahr. Dann sollten Fenster aber schon aus Energiespargründen nicht gekippt sein.

Manchmal fliegen Fledermäuse auch durch weit geöffnete Fenster oder Türen in die Wohnung und werden nicht immer gleich bemerkt.

Am Tag verstecken sich die Tiere hinter Möbeln, in Vorhangfalten oder Ähnlichem und werden erst zur Dämmerung wieder aktiv.

Wird eine Fledermaus in der Wohnung entdeckt, sollte sie im Sommer nach draußen gebracht werden. Fliegt das Tier in der Wohnung herum, genügt es meist, die Zimmertüre des Raumes, in dem sie fliegt, zu schließen, sodass die Fledermaus auf diesen Raum begrenzt wird, und das Fenster in diesem Zimmer weit zu öffnen. Im Dunkeln kann es helfen, das Licht anzumachen – solange das Tier noch herumfliegt. Es ist sinnvoll, im Raum zu bleiben, um zu sehen, ob das Tier die Wohnung verlässt, aber auch um der Fledermaus zu signalisieren, dass dies kein guter Platz für sie ist, weil die »Höhle« bereits von einem anderen Wesen bewohnt ist. In der Regel verlässt sie dann die Wohnung.

Manchmal bleibt das Tier aber auch und es muss gefangen werden. Am besten klappt das mit einem Tuch oder einem Fischkescher in den Flugpausen, wenn das Tier an der Wand oder im Vorhang sitzt (siehe auch Seite 74). Da nicht nur die kleine Zwergfledermaus in die Wohnung einfliegen kann, sondern auch größere Arten wie die Zweifarbfledermaus oder gelegentlich auch das Große Mausohr, ist beim Fangen der Tiere Vorsicht angebracht, damit die Tiere ihre spitzen Zähnchen nicht zur Anwendung bringen können.

Speziell im Juli und August ist damit zu rechnen, dass neben der zuerst gesichteten Fledermaus auch mehrere Exemplare in die Wohnung eingeflogen sein könnten. Meist sind es dann Jungtiere der Zwergfledermaus, die eine genauere Untersuchung und Beobachtung der Wohnung nach dem Einflug erfordern. Dann ist auch an die Fallenwirkung von möglicherweise herumstehenden Gefäßen zu denken.

Im Winter sollten die Tiere nicht einfach aus der Wohnung gebracht werden. Dann sollte ein Fledermausspezialist (Adressen ab Seite 151) eingeschaltet werden, der den Ernährungszustand der Tiere und die mögliche Umsiedelung in ein für die Art passendes Winterquartier prüft.

Leider werden eingeflogene Fledermäuse nicht immer rechtzeitig bemerkt. Speziell weniger stark frequentierte Zimmer sollten nur dann über gekippte oder weit geöffnete Fenster belüftet werden, wenn zum Beispiel eine Insektengaze vor der Öffnung Fledermäuse am Einfliegen hindert.

Beleuchtung im Garten

Nicht gerade eine Falle, aber langfristig ungünstig für Fledermäuse, ist eine allabendlich über Stunden hinweg betriebene Beleuchtung im Garten oder am Haus. Manchmal wird sogar vorgeschlagen, eine Lichtquelle zu installieren, die Insekten »anlockt« und den Fledermäusen so einen gedeckten Tisch beschert.

Leider bewirken solche Lichtquellen auf Dauer das Gegenteil: Viele nachtaktive Insekten nutzen das Mondlicht zur Orientierung und werden von künstlichen Lichtquellen irritiert. Sie kreisen um die Lichtquelle und können sich nicht mehr einfach von ihr lösen. So häufen sich Insekten an den Leuchten an und werden von Nahrungsaufnahme, Partnersuche oder der Suche nach geeigneten Eiablagepflanzen abgehalten. Im Extremfall fangen sie sich im Leuchtenkörper oder gehen direkt durch die UV-Strahlung zugrunde. Diese Wirkung liegt übrigens auch den sogenannten UV-Insektenkillerlampen zugrunde, die im Freiland nichts zu suchen haben. Durch die herkömmliche Beleuchtung nimmt die verfügbare Nahrungsmenge für Fledermäuse also ab.

Wenn eine Dauerbeleuchtung notwendig ist, sollte sie mit einem Licht ohne irritierende Wirkung auf Insekten erfolgen. Gute Erfahrungen hat man mit Natriumdampf-Niederdrucklampen gemacht, die einfarbiges gelbes Licht aussenden. Ein ähnlicher Lampentyp wird auch als Straßenbeleuchtung eingesetzt. Auch die modernen LED-Beleuchtungen (LED: Licht emittierende Diode) weisen offenbar trotz ihres meist weißen Lichtes im Vergleich zu herkömmlichen Lampen (Glühfadenlampe, Leuchtstoffröhre, Quecksilberdampflampe) nur eine sehr geringe Lockwirkung auf. Möglicherweise liegt diese sogar unter der von Gelblicht. Inzwischen sind allerdings neue Modelle auf dem Markt, die eine stärkere Lockwirkung auf Insekten haben. Dies wäre also im Einzelfall erst zu prüfen.

Zusätzlich kann die irritierende Wirkung durch den Bau des Lampenkörpers und die Aufhängehöhe reduziert werden. Je größer die Distanz ist, aus der die Lichtquelle beziehungsweise ihre Reflexion sichtbar ist, desto größer ist die bindende Wirkung auf Insekten. Die Lichtquelle sollte daher tief im Lampenkörper sitzen, damit sie nicht von der Seite sichtbar ist, und die Lampe sollte kein Licht in Richtungen abstrahlen, wo es nicht gebraucht wird. Es ist schon aus ökonomischen Gründen sinnvoll, das Licht auf Flächen zu begrenzen, wo es wirklich benötigt wird – aus ökologischen Gründen noch mehr.

Renovieren, Streichen und Verputzen

Hat sich der Putz an der Wand gelöst oder die Holzverkleidung verworfen, kommt irgendwann der Zeitpunkt, zu dem eine Instandsetzung angegangen wird. Das kann für Fledermäuse problematisch sein. Beim Verschließen von Mauerritzen oder Bretterspalten besteht die Gefahr, dort wohnende Fledermäuse einzuschließen. Außerdem kann es durch Mörtel und Putz zu Verätzungen der empfindlichen Häute der Tiere kommen. Auch Lösungsmittel und Wirkstoffe aus Farben können schädlich für Fledermäuse sein. Zusätzlich können die Tiere an frischen Anstrichen und Dichtungsmitteln wie Bauschaum und Silikon bis zu deren Aushärtung kleben bleiben und elend zugrunde gehen (siehe auch Seite 56 und Seite 75).

Bevor man eine Instandsetzung beginnt, sollte man daher immer kontrollieren, ob Fledermäuse anwesend sind. Im Sommer kann hierzu eine abendliche Beobachtung zur Zeit des Ausflugs dienen, ansonsten ist eine aufwendigere Untersuchung mit Spiegeln oder einer endoskopischen Kamera sinnvoll. Sind Fledermäuse anwesend, wird die Maßnahme auf die Situation abgestimmt. Im Idealfall wird sie in eine Phase verlegt, in der die Fledermäuse abwesend sind, und das Quartier wird erhalten.

Bei der Wahl der Baumaterialien ist auf die Belange der Fledermäuse Rücksicht zu nehmen. Manche Putzsorte beziehungsweise ihre Verbindung zum Anstrich ist zudem auch weniger haltbar unter Einfluss von Fledermausurin. Holzschutzfarben enthalten oft Gifte, die über Hautaufnahme und Einatmen der Ausdünstungen auch Fledermäuse schädigen. Solche Holzschutzmittel sind im Aufenthaltsbereich von Fledermäusen tabu – und sollten auch im Interesse der Gesundheit der Menschen nicht verwendet werden. Allgemein sollte man möglichst umweltfreundliche Materialien wählen.

Katzenbeute Fledermaus

Sehr problematisch kann es sein, wenn Katzen oder andere Raubtiere wie Steinmarder die Quartieröffnung erreichen können und es der Katze dann zur Gewohnheit wird, den Fledermäusen am Quartier aufzulauern. Dazu kommt es besonders häufig, wenn sich im Sommer und Herbst die Ausflüge der Fledermäuse mit Soziallauten verbinden und die Raubtiere dadurch leichter auf das Quartier aufmerksam werden.

Um die Jagd zu verhindern, muss klar sein, auf welchem Weg das Raubtier an die Fledermäuse gelangt. Erst dann ist es möglich, den Zugang zu unterbinden oder den Ansitz so zu erschweren, dass sich kein Jagderfolg mehr einstellt. Dies kann durch eine wackelige Unterlage am Ansitzplatz gelingen, die einen sicheren Stand des Beutegreifers verhindert. Muss der Ansitzplatz kletternd erreicht werden, kann ein Hindernis auf dem Weg eingebaut werden, das verhindert, dass das Raubtier den Ansitz erreicht. Das kann eine Blechmanschette sein, die nicht überklettert werden kann (oder wie auf Bild Seite 65 Abwehrkrallen, dann mit 2 Meter Abstand zum Quartier), oder ein Schlupfloch, das mit einem Brett verschlossen wird. Manchmal muss nur eine Tür verschlossen bleiben, damit das Tier nicht zum Quartier vordringen kann.

Manchmal ist es auch nötig, den Einflug zum Quartier an eine andere Stelle zu verlegen. Doch sollte das nur die letzte Notmaßnahme sein, da sich dabei eben auch Veränderungen im Quartier ergeben, die Fledermäuse veranlassen können, das Quartier zu verlassen. In jedem Fall sollte hierbei ein Fledermausfachmann zu Rate gezogen werden.

Klettende Pflanzen

Tückisch für Fledermäuse können auch Pflanzen sein, wenn diese die Tiere durch ihre Dornen, Stacheln, Häkchen oder klebrigen Substanzen festhalten können. Beispiele für Pflanzen mit Dornen und Stacheln sind Kakteen, Weißdorn *(Crataegus* spec.), Brombeere *(Rubus* spec.), Schwarzdorn *(Prunus spinosa)*, Berberitze *(Berberis* spec.), Distelarten *(Cirsium* spec., *Onopordium* spec. und andere) und Rosen *(Rosa* spec.). Dazu kommen Pflanzenarten, die darauf spezialisiert sind, ihre Samen durch Großtiere verbreiten zu lassen, wie etwa die Kletten *(Arctium* spec.), Karden *(Dipsacus* spec.) und einige Hirse-Arten *(Setaria* spec.). Neben oder unter Quartiereinflügen sollten solche Pflanzen nicht wachsen, da besonders die ungeübten Jungtiere gefährdet sind, durch ungeschickte Manöver mit den Pflanzen in Berührung zu kommen.

Stacheldraht und andere Fledermaushaken

Eine ähnliche Wirkung wie klettende Pflanzen kann Stacheldraht haben. Hier ist insbesondere der Große Abendsegler gefährdet. Als Art, die normalerweise im freien Luftraum jagt, verfügt sie über geringe Manövrierfähigkeit in hindernisreichem Gelände. Ist das Tier durch Witterungslagen – zum Beispiel Kühle, Wind oder Regen – genötigt, niedrig zwischen Büschen und Bäumen zu jagen, kalkuliert es den Vorbeiflug an Hindernissen manchmal zu knapp und bleibt an einem Stachel hängen. Im glimpflichen Fall reißt es ein Loch, das wieder zuwachsen kann, nicht selten aber reißt die Flughaut so weit ein, dass das Tier flugunfähig wird, oder es bleibt hängen und geht, an der Flughaut aufgehängt, zugrunde. Stacheldraht sollte man daher möglichst nicht verwenden.

Andere Fledermausarten sind eher im Quartierbereich gefährdet, sich zu verletzen, beispielsweise wenn dort zu lange Nägel durch das Holz geschlagen wurden oder die Enden von Drähten in die Luft ragen.

Wenn also ein Dachboden von Fledermäusen genutzt werden soll, ist zu prüfen, ob solche Fallen vorhanden sind. Durchgeschlagene Nägel sind oft bei Schieferdächern zu finden. Kurz überstehende Nägel sind in der Regel kein Problem, an den Haupthangplätzen aber, wo die Tiere regelmäßig ihre Flügel strecken und Jungtiere ihre Muskulatur trainieren, kann es zu Flughautverletzungen kommen. Bei einem neu geschaffenen Quartier sollten diese Nagelflächen an der Giebelspitze oder in anderen für Fledermäuse attraktiven Winkeln mit rauen Brettern überdeckt werden. Bei älteren und bereits von Fledermäusen genutzten Quartieren ist das Abdecken nicht möglich. Dann würde auch der vertraute Quartiergeruch maskiert. In diesem Fall sollte nur eingegriffen werden, wenn tatsächlich Verletzungen auftreten. Beispielsweise könnten Nägel – bei Abwesenheit der Fledermäuse – eingekürzt, umgebogen (mit der Spitze ins Holz) oder abgestumpft werden.

Verunglückte Fledermäuse – was tun?

Es ist nicht immer einfach zu entscheiden, ob eine Fledermaus Hilfe benötigt und wie dringend dies notwendig ist. Da sich bei dieser Tiergruppe viele Krankheiten völlig anders darstellen als bei Haustieren, sind bei diesen ungewöhnlichen Patienten selbst gute Tierärzte oft überfordert. Da ist es besser, einen Fledermausspezialisten zu verständigen. In jedem Fall sollte eine Fledermaus wie jedes andere Wildtier, bei dem nichts über den Gesundheitszustand bekannt ist, nicht mit bloßen Händen angefasst werden.

Muss das Tier geborgen werden, wird dazu am besten ein weiches Tuch verwendet, das über die Fledermaus gestülpt und mitsamt dem Tier in eine Kiste gegeben wird (kein Frottee verwenden, da sich die Krallen der Tiere in den Schlingen verfangen können!). Die Fledermaus wird sich in den Falten des Tuches sicherer fühlen als in einer blanken Schachtel und sich schneller beruhigen, somit ihre wertvollen Reserven schonen. Zur Schonung der Reserven darf ein Fundtier, von dem nichts Näheres bekannt ist, auch nicht herumgezeigt werden. Nur wenn klar ist, dass es das Tier nicht weiter schädigt, kann es – beispielsweise bei der Erstversorgung durch einen Fachmann – von weiteren Personen betrachtet werden. Aber wann ist Hilfe nötig?

Auffällig ist es, wenn eine Fledermaus an ungewöhnlichen Orten oder zu ungewöhnlichen Zeiten auftritt. Sitzt eine Fledermaus am Tag niedrig an einer Wand oder am Boden, ist sie sehr wahrscheinlich hilfsbedürftig. Offensichtlich Hilfe benötigt eine Fledermaus, wenn sie blutet oder Gliedmaßen unnatürlich vom Körper abstehen.

Eindeutig braucht eine Fledermaus Hilfe, wenn sie an einer Klebfalle oder in einer stacheligen Pflanze hängt. Dann ist es wichtig, die Fledermaus nicht abzureißen, sondern die Flughäute und das Fell behutsam abzulösen. Das Tier wird mit dem Fallenteil, an dem es festhängt, von der restlichen Falle abgelöst, um zu verhindern, dass weitere Körperteile anhängen. Erst dann wird begonnen, die anheftenden Teile abzulösen. Bei Klebfallen hat sich die Verwendung von Olivenöl und Vaseline als Abstumpfungsmittel bewährt. Diese Arbeiten sollten von einer erfahrenen Person durchgeführt werden, um die Fledermaus nicht unnötig zu quälen. Auch sind die Tiere in solch einer Situation panisch und versuchen zu beißen, was bei größeren Arten durchaus unangenehm sein kann. Im Anschluss ist eine vorübergehende Pflege des Tieres notwendig, bis die Abstumpfungsmittel wieder aus dem Fell verschwunden sind. Bis dahin isoliert das Fell nicht richtig und lässt Nässe auf die Haut der Fledermaus. Das kann im Freiland schnell tödlich sein.

Gehen Sie auf Nummer sicher: Wenn Sie eine Fledermaus entdeckt haben, verständigen Sie möglichst umgehend Fledermausfachleute. Da es nur unter Mithilfe der Bevölkerung möglich ist, die Bestände zu erfassen, ist jede Meldung für die Fledermauskundler interessant. Aus der Beschreibung der Fundsituation ist es möglich, hilfsbedürftige Fledermäuse zu erkennen und zu versorgen. Kontakte lassen sich über die Adresshinweise am Ende des Buches in Erfahrung bringen (siehe ab Seite 151).

Klebrige Fliegenfänger

Bei der giftfreien Insektenbekämpfung spielen Klebfallen eine Rolle. Es gibt sie zum Beispiel als Kistchen mit Lockstoffen, als klebrige Gelbtafeln in Bäumen, als Leimringe an Baumstämmen oder als von der Decke hängende Streifen in Ställen und Wohnungen oder zum Ankleben an Fensterscheiben. Insekten, die darauf landen, kleben fest und gehen schließlich dort ein. Der Kampf der Insekten um ihr Leben kann Stunden dauern, und in dieser Zeit summen und brummen manche Tiere bei ihren Befreiungsversuchen – eine Einladung an Fledermäuse, sich das Insekt zu holen. Was folgt, ist leicht vorauszusehen: Beim Versuch der Fledermaus, Insekten von der Klebfalle abzulesen, gerät sie selbst an den Klebstoff, verklebt sich Flügel und Fell oder bleibt sogar selbst hängen.

Klebfallen sollten daher so beschaffen sein, dass Fledermäuse die Klebflächen nicht erreichen können – was am besten bei den Lockstofffallen umgesetzt ist. Ansonsten sollte auf Klebfallen in Bereichen, die Fledermäuse erreichen können, verzichtet werden. Dies gilt prinzipiell auch für die Wohnung, wenn der Zugang für Fledermäuse – etwa durch offene Fenster – nicht ausgeschlossen ist (siehe auch Seite 68).

Gartenbereiche für Fledermäuse bepflanzen und pflegen

In den vorangegangenen Kapiteln wurde dargestellt, welche Strukturen in Gärten günstig für Fledermäuse sind und wie Quartiere von Fledermäusen aussehen. Doch wie stellt sich das im Detail dar? Gerade die Auswahl der Pflanzen und ihre Zusammenstellung sind Grundlagen für eine möglichst breite Nahrungsbasis für Fledermäuse.

Um ein möglichst kontinuierliches Angebot an Beutetieren zu erreichen, sollte der Garten allgemein viele Pflanzenarten beherbergen. Das Ziel des Gärtners, möglichst das ganze Jahr hindurch einen bunten, »blühenden« Garten zu haben, ist somit auch ein Ziel für den fledermausfreundlichen Garten. Allerdings ist die Aufgabe erschwert. Sollen zum Beispiel Nachtfalter gefördert werden, ist die Auswahl so zu treffen, dass möglichst während der gesamten Vegetationsperiode Nektarangebote für diese Falter vorhanden sind. Das ist nicht immer einfach: So produzieren manche Pflanzenarten keinen Nektar oder schließen nachts die Blüten und werden deshalb von den Faltern nicht aufgesucht. Solche Arten sind dann »Luxus« im fledermausfreundlichen Garten – sofern sie nicht als Nahrungspflanzen für die Raupen der Nachtfalter oder als Wohnplatz und Futterstelle für andere beliebte Beutetiere attraktiv sind.

Neben Nachtfaltern gibt es viele weitere nachtaktive Insektenarten, die als Beutetiere für Fledermäuse interessant sind. Da wären etwa Kohlschnaken und Zuckmücken, Eintagsfliegen und Köcherfliegen, Blütenkäfer und Kurzflügelkäfer, Eichenschrecke und Ohrwurm zu nennen. Auch diese Arten lassen sich durch eine passende Pflanzenwahl, Bewirtschaftung und Gestaltung im Garten fördern. Dazu kommen als Beutetiere schlafende, tagaktive Insekten wie Fliegen und Tagfalter, für die bestimme Strukturen als Schlafplätze attraktiv sind. Manche Beutetierarten sind beim Gartenbesitzer weniger beliebt und können kaum eine gezielte Förderung erwarten. Beispielsweise jagen

Zwergfledermaus und Mopsfledermaus häufig Blattläuse, Stechmücken und die geflügelten Geschlechtstiere der Ameisen. Die Breitflügelfledermaus frisst unter anderem Borkenkäfer und im Spätsommer verstärkt Gartenwanzen und Beerenwanzen. Abendsegler, Breitflügelfledermaus und Mausohr treten gehäuft an Orten mit starkem Feldmaikäferflug auf.

Bei der Pflanzenwahl ist im Garten allgemein vieles möglich, was in der Natur so nicht vorkommt. Die Pflanzenarten und ihre Kombinationen entscheiden auch über den späteren Pflegeaufwand und sollten daher mit Bedacht – unter Berücksichtigung der eigenen Möglichkeiten für die spätere Gartenpflege – überlegt werden.

In jedem Fall sind standortgerechte Pflanzen, also Arten, die zu den gegebenen Bodenverhältnissen und Beschattungsverhältnissen passen, von Vorteil. Je besser die Pflanzen zum Standort passen, desto vitaler sind sie. Und vitale Pflanzen werden durch eventuellen Insektenfraß weniger beeinträchtigt. Besser ist es, nicht nur standortgerechte, sondern auch heimische Pflanzen zu wählen. Sie beherbergen in der Regel mehr Insektenarten als fremdländische Pflanzenarten und eignen sich daher besser für das Ziel, die Nahrungsbasis der Fledermäuse zu verbessern. Die heimische Tierwelt hatte bei den Neubürgern aus anderen Ländern noch nicht so viel Zeit, sich auf diese neuen Pflanzen mit ihren Abwehrmechanismen einzustellen. Außerdem ist es bei den heimischen Arten in der Regel unproblematisch, falls die Pflanzen aus dem Garten entweichen.

Folgende Pflanzenlisten zur fledermausfreundlichen Gestaltung finden Sie in diesem Buch:

- für den Gemüsegarten: Seite 83
- für das Kräuterbeet: Seite 86
- Obstbäume: Seite 88
- für den Blumenrasen: Seite 90
- für die Wiese: Seite 93
- Gehölze: Seite 96
- Stauden für die Gehölzunterpflanzung: Seite 98
- Stauden für Gehölzränder und Säume: Seite 99
- Kletterpflanzen für Gehölze: Seite 100
- für das Staudenbeet: Seite 102
- für das Heidebeet: Seite 104
- für die Trockenmauer: Seite 106
- für die Blockhaldenstruktur: Seite 107
- für den kleinen Garten: Seite 109
- für Balkonkästen und Terrassenkübel: Seite 112
- für die Gestaltung von Wasser und Sumpf: Seite 114
- für die Wandbegrünung: Seiten 120 und 121
- für Mauerfugen und Mauerkrone: Seite 122
- für die Dachbegrünung: Seite 125
- für die Begrünung des Komposthaufens: Seite 127
- weitere Pflanzen für den fledermausfreundlichen Garten: Seite 128

Spezielle Gartengestaltung für …

- … die **Zwergfledermaus:** bevorzugt für die Jagd Lichtungen, gerne auch entlang von Gehölzen oder Gebäudezeilen im Windschatten, zwischen und um Bäume, auch über Haushöhe. Sie bevorzugt Spaltenquartiere, für Wochenstuben Spalten an Fassaden (Verschalung, zum Beispiel am Gartenhaus). Einzeltiere nutzen Spalten aller Art: Holzstapel, Spalten in Mauern (auch Trockenmauern), Wandbegrünung, angelehnte Bretter (auch in Dachböden), Fledermauskästen und Rindenspalten an Bäumen.
- … die **Große Hufeisennase:** ist ein Ansitzjäger. Für sie sind ausladende Gehölze (für den Ansitz) mit artenreichen Blumenwiesen nötig, sehr gerne mit Weidevieh. Als Ansitz und für Jagdpausen auch vorspringende Dächer von Hütten. Quartiere müssen geräumig (Dachböden, Höhlen) und über große Öffnungen erreichbar sein, das Tier kriecht nicht.
- … das **Braune Langohr:** sucht das Laub von Gehölzen nach Beute ab. Eine gehölzreiche Gestaltung, staudenreiche Übergange zur Freifläche, begrünte Wände und Berankung kommen ihm entgegen. Wochenstuben in Baumhöhlen, Höhlungen in Mauerwerk und auf Dachböden (auch in Gartenhütten) in Winkeln. Einzeltiere zusätzlich in Spalten aller Art, Holzstapeln, Kellern und in Wandbegrünung. An überhängenden Bäumen oder großen Dachüberständen zusätzlich Fraßplätze und Quartiere für Balz und Paarung.
- … die **Fransenfledermaus:** profitiert von gut strukturierten Staudenrändern und liest Beute aus Spinnennetzen. Eine gehölzreiche Gestaltung kommt ihren Bedürfnissen entgegen. Wochenstuben meist in Baumhöhlen, auch auf Dachböden (auch von Gartenhütten) und in Spalten an Bäumen. Einzeltiere in Fassadenspalten. Im Winter nutzt sie Trockenmauern und Keller.
- … das **Mausohr:** benötigt offene oder niederwüchsige Flächen zur Jagd (Laubflächen unter Bäumen, artenreicher Rasen). Wochenstuben in der Regel auf geräumigen Dachböden, Einzeltiere auch in verschiedensten Hohlräumen und Spalten am Haus und in Baumhöhlen. Für den Winter sind Höhlenstrukturen nötig, tiefe Spalten in Trockenmauern, Keller.
- … die **Breitflügelfledermaus:** jagt linear bevorzugt in offenen, von Gehölzen gegliederten Bereichen. Wochenstuben meist an größeren Gebäuden in Hohlräumen unter dem Dach oder in der Fassade. Für Einzeltiere auch Hohlräume an kleineren Gebäuden, Holzstapeln und Trockenmauern. Letztere auch für den Winter.

Hinweise zum Verständnis der Pflanzenlisten im Buch

Die Pflanzenlisten im Buch berücksichtigen vor allem Pflanzen, die relativ **regelmäßig kultiviert** werden und daher auch in Gärtnereien angeboten werden, oder **verbreitete Wildpflanzen.**

Viele der Arten sind allerdings nur in spezialisierten Wildstaudengärtnereien erhältlich. Einige der genannten heimischen Arten stehen unter Schutz. Daher sollte grundsätzlich von der Beschaffung des Pflanzgutes aus der Natur (zum Beispiel Ausgraben der Pflanzen am Wuchsort) abgesehen werden.

Die **Auswahl** basiert überwiegend auf ihrer Attraktivität für nachtaktive Großschmetterlinge, wobei den Einstufungen eine Zusammenstellung konkreter Artnachweise an den Pflanzen zugrunde liegt, die in Ebert (2005, siehe Seite 150) veröffentlicht wurde. In der Praxis ist zu beachten, dass Umfeldstrukturen und Zustand der Pflanzenindividuen für eine tatsächliche Besiedlung von Bedeutung sind.

Angaben zur **Blütezeit** und zur **Wuchshöhe** sind Richtwerte, die je nach Rahmenbedingungen (Witterungsverlauf, Kulturbedingungen) anders sein können. Im Allgemeinen blühen die jeweiligen Pflanzen innerhalb des angegebenen Zeitraumes, viele jedoch nicht über die gesamte Länge. Bei manchen Arten kann der Blühzeitraum auch durch Rückschnitt oder andere Maßnahmen verlängert werden.

Der Hinweis **»Nachtfalterblume«** meint, das die Blüte speziell an Nachtfalter angepasst ist. Das heißt nicht, dass Pflanzen ohne diesen Hinweis, die etwa Anpassungen an Bienen zeigen, nicht von Nachtfaltern besucht werden.

Der Hinweis **»nachtblühend«** meint, dass die Pflanze ihre Blühaktivität nachts entfaltet, anatomisch aber nicht auf Nachtfalter spezialisiert ist.

Die Pflanzen sind jeweils nach dem Beginn ihrer Blütezeit geordnet.

Zwei Extraspalten – die Spalte F und die Spalte R – bewerten die Pflanzen hinsichtlich ihrer Attraktivität für Nachtfalter und andere Insekten.

Spalte F – »Nahrung für Nachtfalter«: Die Ziffern dieser Spalte zeigen das Nahrungsangebot für Falter und andere Imagines nachtaktiver Insekten. Im Allgemeinen interessieren sich die Tiere für den Blütennektar der Pflanze. Es gibt jedoch auch Pflanzen mit Zuckerdrüsen an den Blättern, die von Faltern besucht werden. Manchmal führen andere Aspekte als der Falterbesuch zur günstigeren Einstufung. Die Begründung für Letzteres ist in diesem Fall in Klammern oder als Anmerkung beigefügt. Aufwertung entsteht durch Früchte, sonstige Ausscheidungen der Pflanze und andere bedeutungsvolle Insektenbesiedlung. Die betreffenden Teile, zum Beispiel Früchte, müssen vorhanden sein, um die Wirkung zu erzeugen.

0 = ohne Bedeutung: Ausgesprochen tagaktive Blüten und Blüten auf andere Bestäuber ausgerichtet. Auch partiell tagaktive Nachtfalter wurden nicht an den Blüten beobachtet.
1 = geringe Bedeutung: Tagaktive Blüten, gelegentlich jedoch Besuch auch durch (partiell) nachtaktive Arten.
2 = mäßige Bedeutung: Tendenziell tagaktive Blüten, nicht selten aber auch Besuch durch (partiell) nachtaktive Arten.
3 = mittlere Bedeutung: Tendenziell tagaktive Blüten, regelmäßig Besuch durch verschiedene nachtaktive Arten.
4 = überdurchschnittlich große Bedeutung: Mehr oder weniger nachtaktive Blüten, überdurchschnittlicher Besuch durch nachtaktive Arten
5 = ausgesprochen nachtfalterblütig: Die Pflanze wird stark und von zahlreichen Nachtfalterarten aufgesucht.

Spalte R – »Nahrung für Raupen von Nachtfaltern«: Die Ziffern dieser Spalte zeigen die Bedeutung für Raupen von Nachtfaltern (Pflanzen ohne Bedeutung für die erwachsenen Schmetterlinge sind erst ab Raupennahrung für mindestens 5 nachtaktive Falterarten aufgeführt).

0 = keine Bedeutung: Raupennahrungspflanze von höchstens einer nachtaktiven Nachtfalterart.
1 = geringe Bedeutung: Raupennahrungspflanze von 2 bis 5 nachtaktiven Nachtfalterarten.
2 = mittlere Bedeutung: Raupennahrungspflanze von 6 bis 10 nachtaktiven Nachtfalterarten.
3 = hohe Bedeutung: Raupennahrungspflanze von 11 bis 20 nachtaktiven Nachtfalterarten.
4 = sehr hohe Bedeutung: Raupennahrungspflanze von 21 bis 30 nachtaktiven Nachtfalterarten.
5 = extrem hohe Bedeutung: Raupennahrungspflanze von mehr als 30 nachtaktiven Nachtfalterarten.

Im Nutzgarten

Faltertankstellen im Gemüsebeet

Ein Gemüsegarten ist zunächst vielleicht wenig attraktiv für Fledermäuse. Abgesehen von einigen nachtaktiven Raupen, die manche Fledermausarten von den Pflanzen ablesen, ist kaum Beute für die Tiere vorhanden. Diese Situation kann sich ändern, wenn es zwischen dem Gemüse Beimischung von »Zierpflanzen« im weitesten Sinne gibt. Im weitesten Sinne deshalb, weil auch recht unscheinbare Pflanzen – oft aus der Gruppe der Ackerwildkräuter – das Nahrungsangebot für Fledermäuse verbessern helfen. Außerdem finden einige davon auch als Würzpflanzen oder Heilpflanzen Verwendung und sind deshalb keine eigentlichen Zierpflanzen. Manche der in der folgenden Tabelle genannten Arten wirken darüber hinaus auch als »Ablenkfütterung« für unerwünschte Insekten im Nutzgarten. So etwa die Margerite, die im Beet oft Blattlauskolonien beherbergt. Die benachbarten Kulturpflanzen werden von diesen Tieren dann weniger behelligt. Relativ attraktive Nahrungspflanzen für die Raupen der Nachtfalter, wie Vogelmiere und Gewöhnlicher Steinquendel, deren Blüten aber kaum von den »erwachsenen« Faltern besucht werden, ergänzen das Angebot.

Die in der Tabelle genannten Pflanzenarten erhalten sich auf offenen Böden in der Regel durch Selbstaussaat. Ihr Bestand wird nach Bedarf ausgedünnt und so die Balance zwischen Nutzpflanzen und »Beikräutern« erhalten.

Seifenkraut oder Ziertabak zwischen Kürbis und Co. locken Nachtfalter an. Auch für duftende Blätter von Majoran, Minze, Melisse, Borretsch, Salbei oder Schnittlauch interessieren sich viele Insekten.

Pflanzen für den fledermausfreundlichen Gemüsegarten, sonniger Standort (Auswahl)

Deutscher Name Botanischer Name	Blütezeit (Monate) Blütenfarbe	Wuchshöhe Bemerkungen	Herkunft	F	R
Vogelmiere *Stellaria media*	3 – 10 weiß	5 – 30 cm	heimisch	0	2
Ziertabak *Nicotiana alata*	5 – 9 weiß, cremeweiß, zitronengelb	50 – 100 cm nachtblühend	Südamerika (Paraguay, Uruguay)	4	1
Fettwiesen-Margerite *Leucanthemum ircutianum*	5 – 10 weiß, gelb	20 – 50 cm	heimisch	2**	1
Acker-Leimkraut, Acker-Lichtnelke *Silene noctiflora*	6 – 9 blassrosa	10 – 40 cm Nachtfalterblume	heimisch	5	0
Gewöhnlicher Steinquendel, Feld-Steinquendel *Acinos arvensis*	6 – 9 blasslila	bis 20 cm	heimisch	0	1
Saat-Luzerne, Alfalfa *Medicago sativa*	6 – 9 hellviolett	20 – 80 cm	kultiviert	2	3
Einjähriger Feinstrahl *Erigeron annuus*	6 – 10 weiß oder hellviolett, gelb	15 – 100 cm	Nord-amerika	1	1
Stechapfel *Datura stramonium*	7 – 9 weiß, hellviolett	bis 150 cm fledermausblütig*	Mittel-amerika	5	0

F = Nahrung für Nachtfalter, **R** = Nahrung für Raupen von Nachtfaltern, weitere Hinweise auf den Seiten 80 und 81.

* Der Stechapfel wird in seiner mittelamerikanischen Heimat von Fledermäusen bestäubt, wofür er spezielle Anpassungen aufweist. Er blüht also für die Bestäubung durch Fledermäuse und ist daher »fledermausblütig«. Das heißt nicht, das es heimische Fledermäuse gibt, die seine Blüten zur Bestäubung aufsuchen. In Europa besuchen Nachtfalter die Blüten.

** viele Blütenkäfer

Fledermauskot als Pflanzendünger

Für eine Verwendung von Fledermauskot als Dünger ist der Kot aller heimischen Fledermausarten gut geeignet. Größere Mengen, die auch relativ leicht zu »ernten« sind, fallen unter den mitteleuropäischen Arten speziell beim Großen Mausohr an. In kopfstarken Kolonien (bis zu mehrere Tausend Tiere), die sich typischerweise vom Frühjahr bis zum Herbst in den Firstbereichen geräumiger Dachböden aufhalten können, sammelt sich der Kot in großen Haufen an. Im Winter kann er in Säcke geschaufelt und vom Dachboden abtransportiert werden. Da der Kot keine chemisch sonderlich aggressiven Substanzen und im trockenen Zustand kaum aktive Erreger enthält, sind nur allgemeine Schutzmaßnahmen wie ein Staubschutz beim Bergen des Kotes erforderlich.

Der Mausohr-Kot wurde auf seine Inhaltsstoffe analysiert und enthält durchschnittlich folgende düngende Bestandteile: Stickstoff (5,5 %), Phosphor (2,1 %), Kalium (1 %), Calcium (0,6 %), Magnesium (0,8 %). Der Kot tropischer Arten (der im Handel gelegentlich als Fledermausguano erhältlich ist und teilweise unter problematischen Bedingungen für die Fledermäuse gewonnen wird) hat – abhängig von der Ernährungsweise der Fledermäuse – eine andere Zusammensetzung.

Für die Verwendung gibt es verschiedene Möglichkeiten. Im Garten kann der Kot einfach ausgestreut werden, im Blumentopf empfiehlt sich oberflächliches Einarbeiten. Auf diese Weise gibt der Kot die enthaltenen Nährstoffe allmählich ab, wirkt also wie ein Düngerdepot. Eine Überdüngung tritt nicht so schnell ein wie bei Vogelkot.

Soll eine unmittelbare und kurzzeitige Düngewirkung erzielt werden, ist eine Jauche anzusetzen. Sie ist allerdings etwas geruchsintensiv. Für Zimmerpflanzen: Für einen Liter Jauche zwei bis drei Esslöffel Kot in einen Liter Wasser einrühren und eine Woche stehen lassen. Konzentrat für den Garten: Kot mit dem doppelten Volumen Wasser ansetzen und zwei Wochen stehen lassen. Vor der Anwendung mit zehn Liter Wasser pro Liter Jauche verdünnen.

Mausohr-Kot ist der am stärksten riechende Kot heimischer Fledermäuse. Das hängt wohl mit dem hohen Anteil erbeuteter Laufkäfer zusammen, deren Abwehrsekrete den Kot etwas stärker riechen lassen, als wenn die Fledermaus andere Beutetiere nutzt. Nach eigenen Erfahrungen eignet sich der Mausohr-Kot dadurch auch, um Fraßschäden des Kartoffelkäfers zu verringern. Wird er über die Kartoffelpflanzen gestreut, ist die Anzahl der auftretenden Käfer reduziert. Die Wirkung endet allerdings mit dem nächsten Regen, wenn die Kotpartikel von den Blättern gewaschen sind.

Da nur noch wenige große Fledermausquartiere in Mitteleuropa vorhanden sind, gibt es den Kot nur selten im Handel. Er ist meist über Fledermausschutzgruppen zu beziehen, die entsprechende Quartiere betreuen.

Die Große Hufeisennase zählt zu den Kulturfolgern, die wie das Große Mausohr ihre Wochenstuben in geräumigen Dachböden haben. Ihr Kot ist leicht zu gewinnen, weil er sich an den trockenen Hangplätzen ansammelt. Wäre sie inzwischen nicht eine der seltensten Fledermausarten Mitteleuropas, könnte der Kot dieser Art eine ähnliche Bedeutung als Dünger erlangen wie der des Mausohrs. Eine Gestaltung des Gartens für die Große Hufeisennase (siehe Seite 79) lohnt nur in den Restarealen der Art, dort wäre sie aber wichtig.

Duften und Blühen am Kräuterbeet

Pflanzen, die stark duften, sind häufig sowohl am Tag als auch in der Nacht Insektenmagneten, sodass ein Kräuterbeet oft gut von Nachtinsekten besucht wird. Der Duft leitet die Insekten im Dunkeln zu den Blüten. Das heißt, dass insbesondere duftende – eventuell auch nur in der Nacht duftende –, aromatische Pflanzen für Nachtinsekten interessant sind. Insbesondere Nachtfalter und Blütenkäfer dominieren auf den Blüten, aber auch Ohrwurm und Insektenjäger wie Spinnen kommen vor. Ein Teil der jeweiligen Pflanzenart muss allerdings zum Blühen kommen, damit sich diese Wirkung einstellt.

Die im Folgenden genannten Pflanzen sind aufgrund ihrer aromatischen Inhaltsstoffe auch als Würzpflanzen in Gebrauch und passen damit optimal ins Kräuterbeet.

Pflanzen für das fledermausfreundliche Kräuterbeet, sonniger Standort (Auswahl)

Deutscher Name Botanischer Name	Blütezeit (Monate) Blütenfarbe	Wuchshöhe Bemerkungen	Herkunft	F	R
Feld-Thymian *Thymus pulegioides*	5 – 7 hellpurpur bis dunkelpurpur	bis 30 cm	heimisch	2	3
Kleiner Wiesenknopf *Sanguisorba minor*	5 – 8 grünlich, rot überlaufen	20 – 40 cm	heimisch	0	3
Echter Thymian *Thymus vulgaris*	5 – 10 lila, rosa, weißlich	15 – 30 cm	Südwest-europa	2	2
Echter Salbei, Gartensalbei *Salvia officinalis*	6 – 7 violett, selten rosa bis weiß	30 – 60 cm	Südeuropa, kultiviert	3	1
Wilder Majoran *Origanum vulgare*	6 – 8 rosaviolett, selten weißlich	bis 20 cm	heimisch	3	3
Gewöhnlicher Beifuß *Artemisia vulgaris*	7 – 9 gelblich, rotbraun	50 – 140 cm	heimisch	1	4
Kleinblütige Bergminze *Calamintha nepeta*	7 – 9 weiß	bis 50 cm Insektenmagnet*	Südeuropa	2	1

F = Nahrung für Nachtfalter, R = Nahrung für Raupen von Nachtfaltern, weitere Hinweise auf den Seiten 80 und 81.

* Diese Pflanze ist ein wahrer Insektenmagnet. Sie wird von Schwebfliegen und Bienen sowie nachts von Nachtfaltern umschwärmt.

Manche Kräuter sind nur für die Raupen der Nachtfalter attraktiv. Ein Beispiel ist der Kleine Wiesenknopf. Für ihn interessieren sich die Raupen von zum Beispiel Wolfsmilchspinner *(Malacosoma castrensis)*, Brombeerspinner *(Macrothylacia rubi)*, Goldafter (*Euproctis chrysorrhoea*), Spanischer Fahne (*Euplagia quadripunctaria*) oder Kardeneule (*Heliotis viriplaca*).

Der Obstgarten als Gastgeber für Fledermäuse

Ein Obstgarten mit Obstbäumen ist für Fledermäuse attraktiv – aus naheliegenden Gründen: Obstbäume strukturieren den Raum, können Höhlungen aufweisen und werden von vielen Insekten besiedelt. Diese wünschenswerten Eigenschaften haben vor allem Hochstamm-Obstbäume, die allerdings eine angemessene Fläche benötigen. Außerdem ist ein langer Zeitraum einzuplanen, bis sich der Baum voll entwickelt hat. Bei der Pflanzung ist darauf zu achten, dass die Bäume später keinen Kronenschluss erreichen. Sonst fällt es den weniger wendigen Fledermäusen schwer, zwischen den Bäumen zu manövrieren. Außerdem lässt sich leichter eine wünschenswert artenreiche Wiese unter den Bäumen entwickeln, wenn mehr Licht an die Krautschicht gelangt.

Im kleineren Garten kann es sinnvoll sein, statt eines großen Baumes zwei bis drei kleinkronige Obstbäume zu pflanzen, um die Nahrungsbasis für Insekten durch Arten- und Sortenvielfalt zu verbessern. Reicht der Platz nicht für einen großkronigen Obstbaum, gibt es vielleicht Platz für einen Spalierbaum – also einen wie ein Weinstock an der Wand oder an einem Gerüst gezogenen Obstbaum. Baumhöhlen, die von Wochenstubengesellschaften genutzt werden können, entstehen im Allgemeinen allerdings nur an älteren Hochstamm-Obstbäumen. In Grenzen können ersatzweise Fledermauskästen angeboten werden.

Während die Blüten der Obstbäume oft nur ein geringes Nahrungsangebot für Nachtfalter bieten, sind die Früchte insbesondere saftreicher Obstarten – wie Kirsche, Birne, Pflaume – für Nachtfalter attraktiv. Auch konnten schon Fledermäuse beim Einflug in Bäume mit überreifen Pflaumen beobachtet werden. Ob sie tatsächlich an den Früchten naschen, ist im Freiland nicht belegt. In Gefangenschaft fressen manche Tiere gerne davon, auch wenn es ihrer Verdauung nicht unbedingt gut tut. Damit die Nachtfalter Früchte als Nahrungsquellen nutzen können, sollte ein Teil der Ernte auf beziehungsweise unter dem Baum überreif werden dürfen.

Zusätzlich bieten Obstbäume Quartier und Futter für viele weitere Nahrungstiere der Fledermäuse, nicht nur für Nachtfalter. So leben beispielsweise Spinnen und Weberknechte, Ameisen und Ohrwurm sowie viele Käferarten und Blattläuse an Obstbäumen. Auch Eichenschrecken, Beute der Langohrfledermäuse, sind auf Obstbäumen heimisch.

Obstbäume für den fledermausfreundlichen Garten (Auswahl)

Deutscher Name Botanischer Name	Blütezeit (Monate) Blütenfarbe	Wuchshöhe Bemerkungen	Herkunft	F	R
Kultur-Pflaume, in Unterarten und Sorten *Prunus domestica*	3 – 4 weiß bis grünlich weiß	4 – 8 m	kultiviert	2*	4
Kultur-Apfel, in Sorten (Garten-Apfel) *Malus domestica*	4 – 5 weiß bis rosa	bis 12 m Aufwuchs (Flechten), Höhlenbildner	kultiviert	2*	5
Kultur-Birne, in Sorten *Pyrus communis*	4 – 5 weiß	bis 20 m	kultiviert	3*	3
Trauben-Kirsche *Prunus padus*	4 – 5 weiß	5 – 15 m Höhlenbildner	heimisch	2*	5
Vogel-Kirsche, **Süß-Kirsche,** auch in Zuchtformen (Knorpel- Kirsche, Herz-Kirsche) *Prunus avium*	4 – 5 weiß	5 – 25 m Höhlenbildner	heimisch, kultiviert	2*	4

F = Nahrung für Nachtfalter, **R** = Nahrung für Raupen von Nachtfaltern, weitere Hinweise auf den Seiten 80 und 81.

* Neben den Blüten bieten auch die saftreichen Früchte dieser Pflanzen (insbesondere von Birne, Pflaume und Kirsche) Faltern und anderen Nahrungstieren von Fledermäusen Nahrung.

Frisch gemähte Wiese erschließt dem Großen Mausohr vorübergehende Jagdmöglichkeiten. Rasen bietet dauerhaftere Möglichkeiten zur Jagd – geeignete Beute vorausgesetzt. Weitere Hinweise für eine Gartengestaltung zu Gunsten des Großen Mausohrs gibt es auf Seite 79.

Werden die Flächen unter den Bäumen naturnah gestaltet, können sich dort zusätzlich Nahrungsinsekten für Fledermäuse entwickeln: Ideal ist eine zwei- bis dreimalige Mahd im Jahr (siehe auch Seite 92), kombiniert mit nachtfalterblütigen Stauden an der Stammbasis der Bäume (siehe auch Seite 98 und Seite 99).

Im Ziergarten

Blumenrasen statt Spielrasen

Wer einen Rasen im Garten anlegt, gestaltet damit auch eine Jagdstruktur für die Bodenjäger unter den Fledermäusen. Eine reine Graswüste hilft der Fledermaus aber nicht. Die Jagd lohnt sich nur, wenn die entsprechenden Beutetiere, die in Rasen und Wiesen leben, wie Laufkäfer, Heuschrecken und Spinnen, unterwegs sind. Ein Weniger an klassischer Rasenpflege führt beim Rasen meist zu einem Mehr an Pflanzenarten und Kleinstrukturen. Damit steigt auch die Zahl der Kleintiere, die dort leben können. Freilich ist ein Rasen dann nicht mehr die geschlossene grüne Fläche, die sich der Gärtner vielleicht darunter vorstellt. Die Pflanzendecke wird lückig, je nach Boden- und

Beschattungsverhältnissen gibt es offene Stellen oder Moose breiten sich aus. Der Rasen nähert sich dem, was Biologen darunter verstehen: eine Fläche, die aufgrund der äußeren Bedingungen (Nährstoffversorgung, Wasserversorgung, Beweidung) von einer niederwüchsigen, meist lückigen Pflanzendecke bewachsen ist. Eine Welt, in der es von Spezialisten der Pflanzenwelt wimmelt und die meist ein artenreiches Insektenleben beherbergt.

Für solch einen »natürlichen« Rasen erhält der Boden keine Düngung und das Wässern im Sommer entfällt. Der Rasen mag dann nicht mehr so grün sein, er wird sich aber zu einem artenreichen Zustand mit größerer Attraktivität für Fledermäuse entwickeln. Der Rasen wird aufgrund des weiterhin niedrig gehaltenen Aufwuchses wie vorher begehbar bleiben, nun aber auch mehr Nahrungsinsekten von Fledermäusen Lebensmöglichkeiten bieten.

Einige Beispiele genügsamer Pflanzenarten mit hoher Attraktivität für Nachtfalter, die sich – je nach Bodenverhältnissen – im Blumenrasen einstellen oder ansiedeln lassen, stellt die folgende Tabelle vor.

Pflanzen für den fledermausfreundlichen Blumenrasen, sonniger Standort (Auswahl)

Deutscher Name Botanischer Name	Blütezeit (Monate) Blütenfarbe	Wuchshöhe Bemerkungen	Herkunft	F	R
Wiesen-Salbei *Salvia pratensis*	4 – 8 blau oder violett, selten rötlich	30 – 60 cm	heimisch	3	3
Spitz-Wegerich *Plantago lanceolata*	4 – 9 bräunlich	10 – 40 cm	heimisch	0	3
Feld-Thymian *Thymus pulegioides*	5 – 7 hellpurpur bis dunkelpurpur	bis 30 cm	heimisch	2	3
Ausdauernder Lolch, Ausdauerndes Weidelgras *Lolium perenne*	5 – 8 Bestäubung durch den Wind	20 – 30 cm	heimisch	4	1
Gewöhnlicher Hornklee *Lotus corniculatus*	5 – 8 gelb	5 – 30 cm	heimisch	2	3
Kleiner Wiesenknopf *Sanguisorba minor*	5 – 8 grünlich, rot überlaufen	20 – 40 cm	heimisch	0	3

Deutscher Name Botanischer Name	Blütezeit (Monate) Blütenfarbe	Wuchshöhe Bemerkungen	Herkunft	F	R
Taubenkropf-Leimkraut, Gemeines Leimkraut *Silene vulgaris*	5 – 9 weiß	bis 50 cm Nachtfalterblume	heimisch	4	2
Echter Thymian *Thymus vulgaris*	5 – 10 lila, rosa, weißlich	15 – 30 cm	Südwest- europa	2	2
Dornige Hauhechel *Ononis spinosa*	6 – 8 hellrot bis purpurrot, dunkel gestreift	20 – 50 cm	heimisch	2	3
Kriechendes Fingerkaut *Potentilla reptans*	6 – 8 goldgelb, gelb	30 – 90 cm	heimisch	0	2
Acker-Leimkraut, Acker-Lichtnelke *Silene noctiflora*	6 – 9 blassrosa	10 – 40 cm Nachtfalterblume	heimisch	5	0
Saat-Luzerne, Alfalfa *Medicago sativa*	6 – 9 hellviolett	20 – 80 cm	kultiviert	2	3
Sonnenröschen *Helianthemum nummularium*	6 – 9 zitronengelb bis goldgelb	10 – 30 cm	heimisch, kultiviert	0	3
Artengruppe Wiesen-Schafgarbe *Achillea millefolium* agg.	6 – 10 weiß, rosa oder rot, schmutzig weiß	15 – 50 cm	heimisch	2	3
Kleine Bibernelle *Pimpinella saxifraga*	6 – 10 weiß oder gelblich weiß, selten rosa	15 – 50 cm	heimisch	1	3
Tauben-Skabiose *Scabiosa columbaria*	6 – 10 blau	20 – 70 cm	heimisch	2	1
Sand-Strohblume *Helichrysum arenarium*	7 – 8 zitronengelb, orange	10 – 20 cm	heimisch	3	1

F = Nahrung für Nachtfalter, **R** = Nahrung für Raupen von Nachtfaltern, weitere Hinweise auf den Seiten 80 und 81.

Die nachtaktiven Bodeninsekten benötigen tagsüber Verstecke. Nicht alle Arten graben sich ihre Verstecke selbst. Größere Rasenflächen sollten daher durch kleine andersartige Inseln gegliedert sein. Stauden mit Blattrosetten, zum Beispiel Nachtkerzen oder Kleinblütige Königskerze, ein flacher Stein oder ein dekoratives Holzstück am Boden bieten Verstecke, von denen Laufkäfer und Spinnen nachts den Rasen nach Beute absuchen können.

Außerdem sollte das Schnittgut beim Mähen nicht sofort abtransportiert werden. Die Insekten brauchen etwas Zeit, um die abgemähten Pflanzen zu verlassen. Wer das Schnittgut beim Mähen gleich entfernt, entfernt auch das Futter der Fledermaus.

Darf es ein bisschen Wiese sein?

Wer keine jederzeit begehbare Rasenfläche benötigt und den Pflegeaufwand noch mehr verringern möchte, kann die Rasenpflege noch stärker zurückfahren als derjenige, der aus seinem grünen Rasen »nur« einen bunten Rasen machen möchte: Durch Umwandlung der Rasenfläche in eine Wiese reduziert sich der Schnittaufwand je nach Wüchsigkeit auf einen Schnitt bis maximal drei Schnitte im Jahr.

Um eine im Sinne der Fledermäuse und für die eigene Augenweide bunte Wiese zu erreichen, orientiert man sich beim Schnitt an der traditionellen Wiesenpflege. Die klassischen Wiesenpflanzen sind an diesen Mahdrhythmus angepasst. Auf den meisten Wiesenstandorten erfolgt die erste Mahd etwa in der ersten Junihälfte und je nach Aufwuchs wieder im August. Auch in diesem Fall ist ein sparsam mit Nährstoffen versorgter Boden ohne Wässern hilfreich, damit konkurrenzschwächere Arten, die den Artenreichtum typischer Pflanzengesellschaften der Wiesen ausmachen, gegenüber denen der nährstoffreichen Böden bestehen können. Noch wichtiger als beim Rasen ist es bei der Wiese, das Mahdgut zumindest anwelken zu lassen, bevor es abgeräumt wird, damit Raupen und Heuschreckenlarven das Schnittgut verlassen können. Vielleicht hat jemand in der Nachbarschaft Kaninchen? Dann kann der Grasschnitt vielleicht als Heu genutzt werden.

Auf der Wiese lässt sich wie beim Rasen eine gleichbleibende Zusammensetzung bestimmter Arten schwer aufrecht erhalten. Pflanzen stehen im Verband und in direkten Wechselbeziehungen zueinander. Die Artenzusammensetzung spielt sich unter der Konkurrenz der vorhandenen Pflanzen ein – abhängig von der jahresweise wechseln-

den Wasserversorgung, der Nährstoffverfügbarkeit, dem Mahdrhythmus und den Belastungen der Grasnarbe, zum Beispiel durch Tritt oder Bodenverletzungen. Anders als im Staudenbeet, wo die Pflanzenarten einzeln für sich stehen und einer individuellen Pflege unterliegen können, ist es in der Wiese nicht immer möglich, eine gewünschte Art zu halten. In der Wiese muss der Gärtner über die Gestaltung der Standortverhältnisse steuern, welche Pflanzenarten überleben können: Er kann die verschiedenen Teile seiner Wiese an verschiedenen Terminen mähen, unterschiedlich besonnte oder schattige Verhältnisse schaffen und über die Versorgung mit Nährstoffen und Wasser sowie unterschiedliche Nutzungsintensitäten bis hin zur gezielten Öffnung der Grasdecke Einfluss auf die Artenzusammensetzung seiner Wiese nehmen. Auf einer naturnahen Wiese können auf einem Quadratmeter 30 und mehr Pflanzenarten versammelt sein.

Eine Auswahl attraktiver Futterpflanzen für Nachtinsekten in Wiesen mitteltrockener bis trockener Standorte ist in der nachfolgenden Tabelle zusammengestellt. Bei einigen dieser Pflanzenarten ist zu beachten, dass sie von Störstellen profitieren. Sie bleiben in der Wiese also nur dann erhalten, wenn offener Boden vorhanden ist. Weitere Arten sind in der Tabelle ab Seite 128 zu finden.

Pflanzen für die fledermausfreundliche Wiese, mitteltrockener bis trockener Standort (Auswahl)

Deutscher Name Botanischer Name	Blütezeit (Monate) Blütenfarbe	Wuchshöhe Bemerkungen	Herkunft	F	R
Wiesen-Salbei *Salvia pratensis*	4 – 8 blau oder violett, selten rötlich	30 – 60 cm lockerer Bewuchs für Selbstaussaat	heimisch	3	3
Ausdauernder Lolch, Ausdauerndes Weidelgras *Lolium perenne*	5 – 7 Bestäubung durch den Wind	20 – 30 cm	heimisch	4	1
Wiesen-Knäuelgras *Dactylis glomerata*	5 – 7 Bestäubung durch den Wind	30 – 100 cm	heimisch	2	3
Gewöhnlicher Hornklee *Lotus corniculatus*	5 – 8 gelb	5 – 30 cm	heimisch	2	3

Deutscher Name Botanischer Name	Blütezeit (Monate) Blütenfarbe	Wuchshöhe Bemerkungen	Herkunft	F	R
Taubenkropf-Leimkraut, Gemeines Leimkraut *Silene vulgaris*	5 – 9 weiß	bis 50 cm Nachtfalterblume, bevorzugt lückige Bereiche	heimisch	4	2
Fettwiesen-Margerite *Leucanthemum ircutianum*	5 – 10 weiß, gelb	20 – 50 cm offener Boden nötig	heimisch	2*	1
Weiße Lichtnelke *Silene latifoli* subsp. *alba*	5 – 10 weiß	20 – 70 cm Nachtfalterblume	heimisch	5	1
Dost, Wilder Majoran *Origanum vulgare*	6 – 8 hellpurpur, selten weiß	bis 20 cm relativ mahd- empfindlich	heimisch	3	3
Jakobs-Greiskraut *Senecio jacobaea*	6 – 8 goldgelb	30 – 90 cm giftig für Weidevieh	heimisch	3	2
Saat-Luzerne, Alfalfa *Medicago sativa*	6 – 9 hellviolett	20 – 80 cm	kultiviert	2	3
Wiesen-Bärenklau *Heracleum sphondylium*	6 – 9 weiß, grünlich gelb	80 – 150 cm	heimisch	2*	3
Artengruppe Wiesen-Schafgarbe *Achillea millefolium* agg.	6 – 10 weiß, rosa oder rot, schmutzig weiß	15 – 50 cm	heimisch	2	3
Tauben-Skabiose *Scabiosa columbaria*	6 – 10 blau	20 – 70 cm bevorzugt offene, lückige Vegetation	heimisch	2	1
Wiesen-Flockenblume *Centaurea jacea*	6 – 10 purpurrot	20 – 80 cm	heimisch	2	2
Acker-Witwenblume, Wiesen-Witwenblume *Knautia arvensis*	7 – 8 bläulich rot bis violett	30 – 80 cm bevorzugt offene, lückige Vegetation	heimisch	3	2
Echtes Johanniskraut *Hypericum perforatum*	7 – 8 goldgelb	30 – 60 cm	heimisch	2	3
Pastinak *Pastinaca sativa*	7 – 9 gelb	40 – 100 cm	heimisch	2*	2
Raukenblättriges Greiskraut *Senecio erucifolius*	8 – 10 gelb	50 – 120 cm	heimisch	3	1

F = Nahrung für Nachtfalter, **R** = Nahrung für Raupen von Nachtfaltern,
weitere Hinweise auf den Seiten 80 und 81.

* Neben Faltern besuchen auch Wanzen und viele Käfer – ebenfalls Nahrungstiere für Fledermäuse – die Blüten dieser Pflanzen.

Bei der Wiese ist ein weiterer Aspekt zu berücksichtigen: Je nach Zustand – frisch gemäht oder in voller Blüte – sind dort unterschiedliche Insektenarten anwesend und für Fledermäuse erreichbar. Blüht die Wiese, sind mehr blütenbesuchende Nachtfalter zu erwarten, im frisch gemähten Zustand kann dagegen die Jagd auf Laufkäfer am Boden erfolgreicher sein. Die Wiese sollte im Garten daher immer mit Staudenbeeten ergänzt werden, auf denen sich ein kontinuierliches Nahrungsangebot für Blütenbesucher besser erreichen lässt. Staudenbeete lassen sich leichter gestalten und erhalten als eine Wiese – insbesondere, wenn spezielle Bedürfnisse berücksichtigt werden sollen (siehe auch Seite 101).

Heimischer Strauch sticht Thuja aus

Wer Fledermäuse im Garten fördern möchte, hat gerade bei der Auswahl der Gehölze eine besonders gute Möglichkeit dazu. Während viele der üblichen Gartengehölze wie Lorbeerkirsche oder Thuja aus Sicht der Fledermäuse »grüne Wüsten« sind, bieten heimische Sträucher oft einer Fülle von Insekten eine Lebensgrundlage – und damit Fledermäusen einen reich gedeckten Tisch. Dabei tragen manche Gehölzarten neben der Blüte später noch Früchte, die von Nachtinsekten aufgesucht werden.

Nachtfalter naschen auch an Früchten des Gewöhnlichen Schneeballs.

Entscheidend für den Gesamtnutzen ist auch in diesem Fall, nicht nur eine einzige Art zu pflanzen, sondern im Verhältnis zum verfügbaren Platz eine möglichst große Vielfalt anzubieten. Die Auswahl sollte insbesondere bei Gehölzen immer auch den Zeitaufwand berücksichtigen, den der Gärtner der Gehölzpflege im Einzelfall einräumen kann. Manche stark von Insekten besiedelte Strauchart zeigt ein starkes Pionierverhalten und muss daher regelmäßig zurückgeschnitten werden.

Eine Auswahl geeigneter Gehölze ist in der folgenden Tabelle zusammengestellt. Ausgewählt wurden die Pflanzen aufgrund ihrer

Blüten, für die sich vor allem Nachtfalter oder nachtaktive Käfer – weniger Raupen und andere »Insektenkinder« – interessieren. Abweichend von den restlichen Pflanzen sind beim Schwarzen Holunder und beim Gewöhnlichen Schneeball vor allem die Früchte geeignete Nahrungsquellen für Nachtfalter (weitere Gehölzarten ab Seite 130).

Gehölze für den fledermausfreundlichen Garten, sonniger bis halbschattiger Standort (Auswahl)

Deutscher Name Botanischer Name	Blütezeit (Monate) Blütenfarbe	Wuchshöhe Bemerkungen	Herkunft	F	R
Rote Heckenkirsche *Lonicera xylosteum*	4 – 5 gelblich weiß, später mattgelb	1 – 2 m	heimisch	3	5
Schlehe, Schwarzdorn *Prunus spinosa*	4 – 5 weiß	1 – 3 m Dornen! nicht am Fledermausquartier, pionierfreudig	heimisch	3	5
Berberitze *Berberis vulgaris*	5 – 6 goldgelb	1 – 3 m	heimisch	4	2
Blutroter Hartriegel *Cornus sanguinea*	5 – 6 weiß	1 – 4 m	heimisch	1	5
Faulbaum *Frangula alnus*	5 – 6 blassgrün	1 – 4 m	heimisch	2	4
Gewöhnlicher Schneeball *Viburnum opulus*	5 – 6 weiß, gelblich weiß	1 – 3 m	heimisch	2*	2
Himbeere *Rubus idaeus*	5 – 6 weiß	50 – 120 cm pionierfreudig	heimisch	1	5
Schwarzer Holunder *Sambucus nigra*	5 – 6 weiß	2 – 7 m	heimisch	2*	3
Weißdorn, vor allem Eingriffliger Weißdorn *Crataegus monogyna*	5 – 6 weiß	1 – 5 m	heimisch	1	4
Hunds-Rose *Rosa canina*	5 – 7 hellrosa, weiß	1 – 3 m Stacheln! nicht am Fledermausquartier, pionierfreudig	heimisch	1	4
Liguster *Ligustrum vulgare*	6 – 7 cremeweiß	1 – 5 m pionierfreudig	heimisch	1	4

Deutscher Name Botanischer Name	Blütezeit (Monate) Blütenfarbe	Wuchshöhe Bemerkungen	Herkunft	F	R
Artengruppe Echte Brombeere *Rubus fruticosus* agg.	6 – 9 weiß, selten rosa	1 – 5 m Stacheln! nicht am Fledermausquartier, pionierfreudig	heimisch	2*	5
Sommerflieder *Buddleja davidii*	7 – 8 lila, blaulila, auch weiß, rosa, purpurrot	2 – 3 m bei Laubabsuchern beliebte Jagdhabitatstruktur, pionierfreudig, nur im Hausgarten pflanzen	China	4**	2

F = Nahrung für Nachtfalter, **R** = Nahrung für Raupen von Nachtfaltern, weitere Hinweise auf den Seiten 80 und 81.
* Zusätzlich zu den Blüten bieten die Früchte der Pflanzen Nahrung für Falter und andere Nahrungstiere von Fledermäusen. ** Tagfalterfangplatz für Langohr-Fledermäuse

Optimal verbindet sich eine Gehölzpflanzung mit einer Unterpflanzung aus Stauden, die im Halbschatten wachsen. Einige Arten, die solche Standorte vertragen, sind auch attraktive Nachtfalterpflanzen.

Fledermäuse jagen gern entlang von Hecken. Reichlich Nahrung für Insekten und damit Fledermäuse bieten zum Beispiel Weißdorn, Schlehe, Holunder, Hasel, Birke oder Weide.

Stauden für die fledermausfreundliche Gehölzunterpflanzung, halbschattiger Standort (Auswahl)

Deutscher Name Botanischer Name	Blütezeit (Monate) Blütenfarbe	Wuchshöhe Bemerkungen	Herkunft	F	R
Weiches Lungenkraut *Pulmonaria mollis*	4 – 5 erst hellrot, dann rotviolett bis blaurot	15 – 30 cm	heimisch	0	2
Ausdauerndes Silberblatt *Lunaria rediviva*	5 – 7 hellviolett bis weißlich	bis 120 cm	heimisch	4	0
Berg-Waldhyazinthe *Platanthera chlorantha*	5 – 7 gelblich weiß	20 – 40 cm Blüten nachtduftend	heimisch	4	0
Gewöhnliche Nachtviole *Hesperis matronalis*	5 – 7 violett bis purpur	40 – 100 cm	Osteuropa, kultiviert	5	0
Weiße Waldhyazinthe, Zweiblättrige Kuckucksblume *Platanthera bifolia*	5 – 7 weiß	20 – 40 cm Blüten nachtduftend	heimisch	4	0
Türkenbundlilie *Lilium martagon*	6 – 7 hellpurpur mit dunkleren Flecken	30 – 60 cm	heimisch	5	0
Gelber Fingerhut *Digitalis lutea*	6 – 8 hellgelb, gelb	40 – 80 cm	heimisch	1	2
Knotige Braunwurz *Scrophularia nodosa*	6 – 8 rotbraun, unterseits grünlich	50 – 100 cm	heimisch	1	3
Nickendes Leimkraut *Silene nutans*	6 – 8 weiß	20 – 80 cm	heimisch	5	1
Wald-Engelwurz *Angelica sylvestris*	7 – 8 weiß, rötlich	100 – 200 cm	heimisch	1*	3
Fuchs' Greiskraut *Senecio ovatus*	7 – 9 gelb	60 – 150 cm	heimisch	3	3
Wasserdost *Eupatorium cannabinum*	7 – 9 schmutzig rosarot bis kupferrot oder weißlich	75 – 150 cm	heimisch	3	2
Gewöhnliche Goldrute *Solidago virgaurea*	7 – 10 gelb	15 – 100 cm	heimisch	2	2

F = Nahrung für Nachtfalter, **R** = Nahrung für Raupen von Nachtfaltern, weitere Hinweise auf den Seiten 80 und 81.

* Neben Faltern besuchen Wanzen und Käfer – ebenfalls Nahrungstiere für Fledermäuse – die Blüten dieser Pflanze.

Südexponierte Gehölzränder können mit Stauden oder auch mit Saumpflanzen gestaltet werden. Saumpflanzen sind mahdempfindlich. Sie vertragen den Rückschnitt auf der Wiese schlecht und wachsen dort am besten, wo sie während ihres Wachstums nicht abgeschnitten oder abgeweidet werden. In der Natur wachsen sie an Stellen, wo sie durch stachlige oder dornige Pflanzen wie Rose, Schlehe oder Weißdorn Schutz genießen. Sie bieten sich daher als Übergangsbepflanzung von Wiesen zu Gehölzen an.

Stauden für fledermausfreundliche Gehölzränder und Säume, sonniger Standort (Auswahl)

Deutscher Name Botanischer Name	Blütezeit (Monate) Blütenfarbe	Wuchshöhe Bemerkungen	Herkunft	F	R
Wiesen-Platterbse *Lathyrus pratensis*	6 – 7 gelb	20 – 80 cm	heimisch	1	2
Skabiosen-Flockenblume *Centaurea scabiosa*	6 – 9 dunkel purpur, selten heller rot oder weiß	30 – 120 cm	heimisch	1	2
Zwerg-Holunder *Sambucus ebulus*	7 – 8 weiß	50 – 150 cm	heimisch	2	1
Gewöhnlicher Beifuß *Artemisia vulgaris*	7 – 9 gelblich, rotbraun	50 – 140 cm	heimisch	1	4
Gewöhnliches Seifenkraut *Saponaria officinalis*	7 – 9 blassrosa bis weiß	bis 60 cm nachtblühend, Nachtfalterblume	heimisch	4	0
Kleinblütige Königskerze *Verbascum thapsus*	7 – 9 hellgelb	30 – 180 cm	heimisch	1	3
Rainfarn *Tanacetum vulgare*	7 – 9 gelb	40 – 120 cm	heimisch	3	2

F = Nahrung für Nachtfalter, **R** = Nahrung für Raupen von Nachtfaltern, weitere Hinweise auf den Seiten 80 und 81.

Sollen bereits vorhandene – und für Fledermäuse wenig geeignete – Gehölze nicht gerodet und doch für Nahrungsinsekten der Fledermäuse aufgewertet werden, bieten sich auch Kletterpflanzen an. Freilich ist darauf zu achten, dass diese die vorhandenen Gehölze nicht so stark überwachsen, dass sie die Gehölze ersticken – außer, wenn es erwünscht ist. Dafür eignen sich prinzipiell alle rankenden Pflanzen.

Einige hierfür besonders gut geeignet erscheinende Arten nennt die unten stehende Tabelle.

Hecken werden oft präzise auf Linie und Höhe geschnitten. In einem Garten, der vielen Insektenarten als Lebensraum dienen soll, ist das wenig zielführend. Denn nicht nur die Pflanzenart bedingt ein Insektenvorkommen. Viele Insekten entwickeln sich nur unter bestimmten Bedingungen an einer Pflanze. Je gleichförmiger die Pflanze geschnitten ist, desto weniger Ansprüche an Strukturen und Mikroklimata kann sie erfüllen. Deshalb ist es günstiger, wenn die Gehölze in naturnaher Weise gruppiert werden – mit unregelmäßigem Rand zu Wiese, Rasen oder Staudenbeet. Gerne darf dabei auch ein Busch vor der restlichen Hecke stehen. Bei der Größe der Büsche ist weniger manchmal mehr: lieber viele Arten, durch Rückschnitt in geringer Größe gehalten, als lediglich eine Art in Form eines riesigen Gehölzes. Zwischen diesen Extremen ist viel Raum, um die passende Kombination unter den Vorgaben aus Platzangebot und Zeitbedarf für die Pflege zu finden.

Kletterpflanzen für fledermausfreundliche Gehölze, bevorzugt halbschattiger Fuß auf mittlerem Standort (Auswahl)

Deutscher Name Botanischer Name	Blütezeit (Monate) Blütenfarbe	Wuchshöhe Bemerkungen	Herkunft	F	R
Wohlriechendes Geißblatt, Duftgeißblatt *Lonicera caprifolium*	5 – 6 weiß, rosa überlaufen	2 – 4 m	Südost-europa	4	1
Gewöhnliche Waldrebe *Clematis vitalba*	6 – 7 weißlich	3 – 20 m	heimisch	1	4
Wald-Geißblatt *Lonicera periclymenum*	6 – 7 gelblich weiß, rötlich überlaufen	1 – 3 m	heimisch	3	2
Weinrebe *Vitis vinifera*	6 – 7 gelbgrün	5 – 20 m	kultiviert	3*	1
Artengruppe Echte Brombeere *Rubus fruticosus* agg.	6 – 9 weiß, selten rosafarben	1 – 5 m Stacheln! nicht am Fledermausquartier, pionierfreudig	heimisch	2**	5

F = Nahrung für Nachtfalter, **R** = Nahrung für Raupen von Nachtfaltern, weitere Hinweise auf den Seiten 80 und 81.

* im September und Oktober Früchte als Falternahrung ** zusätzlich Früchte als Falternahrung

Beim Heckenrückschnitt fällt regelmäßig Reisig an. Soweit es nicht anderweitig verwendet wird – zum Beispiel geschreddert als Mulchmaterial, Material für Hochbeete, Brennholz –, wird es aufgehäuft zum Versteck und Nahrungsplatz für Insekten. Dabei kann das Material mit Wiesen- oder Staudenschnittgut kombiniert werden. Stirbt eine Heckenpflanze, ist es im Sinne der Insekten günstig, die Äste nicht abzusägen, sondern dürr am Gehölz zu belassen. Kritisch kann dies allerdings bei Hecken aus einer einzigen Pflanzenart sein, falls die Todesursache (Krankheiten, Insekten) auf benachbarte Pflanzen übergreifen kann.

Staudenbeete bunt und strukturiert

Staudenbeete bieten die Möglichkeit, ein kontinuierliches Nektarangebot für Nachtinsekten bereitzustellen. Die meisten Fledermausarten sind auf flugfähige Insekten als Hauptbeute spezialisiert. Nur wenige Arten beherrschen die Suche nach aufsitzenden Insektenlarven. Die flugfähigen Insekten fliegen oft weit von ihren Entwicklungsplätzen entfernt und benötigen an denjenigen Orten, an die sie gelangen, Nahrungsplätze. Daher ist es sinnvoll, bei der Auswahl der Stauden besonders solche Arten zu berücksichtigen, die den erwachsenen Nachtinsekten Nahrung bieten. Im Idealfall finden im Staudenbeet aber auch die Larven der Insekten Nahrung.

Die Fransenfledermaus erbeutet Insekten und Spinnetiere auf Stauden. Weitere Hinweise zur Gartengestaltung zu Gunsten der Fransenfledermaus sind auf Seite 79 zusammengestellt.

Je nach Standort kann es auch im Staudenbeet schwierig sein, für bestimmte Zeitabschnitte ein Blütenangebot für Nachtinsekten aufrecht zu erhalten. Vor allem im zeitigen Frühjahr bieten nur wenige Stauden Nektar. Für diesen Fall sollte es im fledermausfreundlichen Garten auch frühblühende Gehölze, insbesondere Weiden, geben, damit die Frühaufsteher unter den Fledermäusen ausreichend Nahrung finden.

Im Staudenbeet sind Insekten, die an Pflanzenstängeln oder Blättern sitzen, für Fledermäuse im Flug besser erreichbar als in Rasen oder Wiesen. Für eine solchermaßen günstige Jagdstruktur werden sich abwechselnde Wuchsgruppen hochwüchsiger und niederwüchsiger Pflanzen zusammengestellt. Unter den hoch wachsenden Stauden dürfen ruhig auch solche sein, die nur als Raupennahrungspflanzen attraktiv sind. Die Raupensammler unter den Fledermäusen können an diesen hohen Stauden ihre Beute gut erreichen.

Wenn ein Staudenbeet Insekten für Fledermäuse bieten soll, ist es etwas anders zu pflegen, als es allgemein üblich ist. Dazu gehört eine zurückhaltende Entnahme des abgestorbenen Materials im Herbst. Nur wo niederwüchsige Stauden verdrängt würden, erfolgt der Rückschnitt schon vor dem Winter. Abgestorbene Stängel sollten erst im Frühjahr – im April bis Mai – beseitigt werden, wenn Laubheuschrecken und Weinhähnchen aus versteckten Eiern in den Stängeln geschlüpft sind oder Wanzen, Spinnen und Falter aus Eiern zwischen vertrockneten Blütenständen gekrochen sind. Für die folgende Tabelle wurden insbesondere Pflanzen ausgewählt, die interessant für Nachtfalter sind.

Pflanzen für das fledermausfreundliche Staudenbeet, überwiegend sonniger Standort (Auswahl)

Deutscher Name Botanischer Name	Blütezeit (Monate) Blütenfarbe	Wuchshöhe Bemerkungen	Herkunft	F	R
Kleines Seifenkraut *Saponaria ocymoides*	5 – 6 rot	bis 20 cm bei Rückschnitt nachblühend	Alpen	4	0
Ausdauerndes Silberblatt *Lunaria rediviva*	5 – 7 hellviolett bis weißlich	bis 120 cm	heimisch	4	0
Gewöhnliche Nachtviole *Hesperis matronalis*	5 – 7 violett bis purpur	40 – 100 cm	Osteuropa, kultiviert	5	0

Deutscher Name Botanischer Name	Blütezeit (Monate) Blütenfarbe	Wuchshöhe Bemerkungen	Herkunft	F	R
Taubenkropf-Leimkraut, Gemeines Leimkraut *Silene vulgaris*	5 – 9 weiß	bis 50 cm Nachtfalterblume	heimisch	4	2
Ziertabak *Nicotiana alata*	5 – 9 weiß, cremeweiß, zitronengelb	50 – 100 cm nachtblühend	Südamerika (Paraguay, Uruguay)	4	1
Weiße Lichtnelke *Silene latifolia* subsp. *alba*	5 – 10 weiß	20 – 70 cm Nachtfalterblume	heimisch	5	1
Echter Salbei, Gartensalbei *Salvia officinalis*	6 – 7 violett, selten rosa bis weiß	30 – 60 cm	Südeuropa, kultiviert	3	1
Königs-Lilie *Lilium regale*	6 – 7 weiß, zur Basis hin gelblich	bis 80 cm	China	4	0
Türkenbundlilie *Lilium martagon*	6 – 7 hellpurpur mit dunkleren Flecken	30 – 60 cm	heimisch	5	0
Nickendes Leimkraut *Silene nutans*	6 – 8 weiß	20 – 80 cm Nachtfalterblume	heimisch	5	1
Gewöhnliche Nachtkerze *Oenothera biennis*	6 – 9 gelb	bis 100 cm blüht erst im zweiten Jahr	Nord- amerika	5	1
Großblütige Nachtkerze *Oenothera densiflorum*	6 – 9 gelb	bis 100 cm blüht erst im zweiten Jahr	Nord- amerika	5	0
Stauden-Phlox, Rispige Flammenblume *Phlox paniculata,* Hybride	6 – 10 hellrosa bis dunkelpurpur, violett, weiß	60 – 130 cm	Nord- amerika, kultiviert	3	0
Gewöhnliche Seifenkraut *Saponaria officinalis*	7 – 9 blassrosa bis weiß	bis 60 cm nachtblühend, Nachtfalterblume	heimisch	4	0
Stechapfel *Datura stramonium*	7 – 9 weiß, hellviolett	bis 150 cm fledermausblütig (siehe Anmerkung Seite 83)	Mittel- amerika	5	0
Seifenkraut 'Max Frei' *Saponaria × lempergii* 'Max Frei', Hybride aus *Saponaria cypria × sicula*	8 – 9 hellrosa	bis 40 cm	kultiviert	3	0

F = Nahrung für Nachtfalter, **R** = Nahrung für Raupen von Nachtfaltern, weitere Hinweise auf den Seiten 80 und 81.

Bei der Gestaltung von Staudenbeeten lassen sich die Pflanzen nach charakteristischen Standorten so gruppieren, dass die Beete jeweils einen eigenen Charakter erhalten. Trockeneren Standorten kann der Charakter einer Trockenrasenbrache gegeben werden, bei feuchtem bis nassem Boden bieten sich Feuchtwiesenstauden oder Ufergesellschaften an (siehe Seite 114). Ein Sonderfall eines Staudenbeetes ist die Trockenmauer (siehe Seite 105).

Ein weiteres Beispiel für ein spezielles Staudenbeet ist das Heidebeet, das eine gute Nahrungsquelle für Raupen und insbesondere im Spätsommer für Falter ist. Die Unterlage für ein Heidebeet wird zur Schonung der Hochmoore nicht mit Torf, sondern mit einer Auflage aus Fichten- oder Kiefernnadeln hergestellt. Günstig ist auch eine Schicht aus zerfallendem Nadelholz als Grundlage für solch ein Beet.

Pflanzen für das fledermausfreundliche Heidebeet, sonniger Standort (Auswahl)

Deutscher Name Botanischer Name	Blütezeit (Monate) Blütenfarbe	Wuchshöhe Bemerkungen	Herkunft	F	R
Heidelbeere *Vaccinium myrtillus*	4 – 6 weißlich grün bis rötlich grün	15 – 50 cm	heimisch	0	5
Flügelginster *Chamaespartium sagittale*	5 – 6 hell goldgelb	10 – 20 cm	heimisch	0	2
Rauschbeere *Vaccinium uliginosum*	5 – 6 weiß bis rötlich	15 – 80 cm	heimisch	1	4
Besenginster *Cytisus scoparius*	5 – 7 hellgelb	50 – 200 cm	heimisch	0	5
Färber-Ginster *Genista tinctoria*	5 – 7 gelb	30 – 60 cm	heimisch	0	3
Feld-Thymian *Thymus pulegioides*	5 – 7 hellpurpur bis dunkelpurpur	bis 30 cm	heimisch	2	3
Draht-Schmiele *Deschampsia flexuosa*	6 – 8 Bestäubung durch den Wind	30 – 50 cm	heimisch	0	3
Kleinblütige Königskerze *Verbascum thapsus*	7 – 9 hellgelb	30 – 180 cm	heimisch	1	3
Heidekraut *Calluna vulgaris*	8 – 9 rotlila	20 – 50 cm	heimisch	3	5

F = Nahrung für Nachtfalter, **R** = Nahrung für Raupen von Nachtfaltern, weitere Hinweise auf den Seiten 80 und 81.

Steingarten mit Fledermausbesuch

Steingärten bieten neben den gezielt angepflanzten Arten weitere Nahrungsquellen für Insekten: Algen und Flechten auf den Steinen (siehe auch Seite 108). Die meisten Steingartenpflanzen sind recht kleinwüchsig und bieten daher wenig Möglichkeit, Pflanzgruppen unterschiedlicher Höhe zu bilden. Mittels Anordnung der Steine lässt sich die Anpflanzung trotzdem – auch in der Höhe – strukturieren.

Gelegentlich sind Betonringe als Bauelemente im Steingarten zu sehen. Davon sollte Abstand genommen werden. Die Steine erzwingen eine weitgehend gleichförmige Gestaltung des Steingartens und schränken die Gestaltungsmöglichkeiten im Sinne der Fledermäuse stark ein. Soll Naturstein eingespart werden, kann Abbruchmaterial zur Hinterfütterung von Steinflächen dienen, denn neben der Pflanzung interessieren sich Fledermäuse im Steingarten immer auch für Hohlräume als mögliche Quartiere (siehe auch Seite 60).

Die Breitflügelfledermaus hält sich nur selten länger in einem einzelnen Garten zur Jagd auf. Tief ins Erdreich reichende Trockenmauern, wie sie sich für den Steingarten anbieten, können als Winterquartiere angenommen werden. Weitere Hinweise zur Gestaltung des Gartens zu Gunsten der Breitflügelfledermaus sind auf Seite 79 zu finden.

Der Steingarten liegt in der Regel vollsonnig oder überwiegend sonnig. Dort ist es relativ einfach, passende Pflanzen auszuwählen. Die folgende Tabelle stellt Arten vor, die insbesondere Nahrung für Nachtinsekten – und damit Fledermäuse – bieten.

Pflanzen für die fledermausfreundliche Trockenmauer, sonniger Standort (Auswahl)

Deutscher Name Botanischer Name	Blütezeit (Monate) Blütenfarbe	Wuchshöhe Bemerkungen	Herkunft	F	R
Zottiges Fingerkraut *Potentilla crantzii*	3 – 4 goldgelb	bis 10 cm	Alpen	0	2
Pfingst-Nelke *Dianthus gratianopolitanus*	5 – 6 hellpurpur	10 – 20 cm	heimisch	3	0
Feld-Thymian *Thymus pulegioides*	5 – 7 hellpurpur bis dunkelpurpur	bis 30 cm	heimisch	2	3
Polster-Nachtkerze *Oenothera missouriensis*	5 – 9 zitronengelb	bis 20 cm nachtblühend	Nord-amerika	5	0
Dost, Wilder Majoran *Origanum vulgare*	6 – 7 hellpurpur, selten weiß	bis 20 cm	heimisch	3	3
Dornige Hauhechel *Ononis spinosa*	6 – 8 hellrot bis purpurrot, dunkel gestreift	20 – 50 cm	heimisch	2	3
Gewöhnlicher Natternkopf und Verwandte *Echium vulgare*	6 – 8 erst rosa, dann leuchtend blau	30 – 80 cm beliebte Nektarpflanze bei Nachtfaltern	heimisch	3	1
Nickendes Leimkraut *Silene nutans*	6 – 8 weiß	20 – 80 cm Nachtfalterblume	heimisch	5	1
Sonnenröschen *Helianthemum nummularium*	6 – 9 zitronengelb bis goldgelb	10 – 30 cm	heimisch, kultiviert	0	3
Sand-Strohblume *Helichrysum arenarium*	7 – 8 zitronengelb, orange	10 – 20 cm	heimisch	3	1
Duftende Nachtkerze *Oenothera odorata* 'Sulphurea'	7 – 9 zartgelb mit rosa	bis 60 cm nachtblühend	Nord-amerika	5	0
Wirbeldost *Clinopodium vulgare*	7 – 10 hellpurpur	20 – 50 cm	heimisch	2	1

F = Nahrung für Nachtfalter, **R** = Nahrung für Raupen von Nachtfaltern, weitere Hinweise auf den Seiten 80 und 81.

Im Halbschatten bis Schatten wird im Allgemeinen kein Steingarten angelegt. Vielleicht ist es jedoch erwägenswert, Fledermäusen ein Quartier in der Erde kombiniert mit einem Steingarten anzubieten. Das Vorbild in der Natur sind Blockhalden oder Felsenmeere, die in Wäldern eingebettet Fledermausquartiere mit einem urwüchsigen Erscheinungsbild sind. Liegendes Holz, Farne, Moose und einige Inseln mit Blumen geben einem solchen Bereich auch im Garten ein besonderes Gepräge und bieten vielen Bodeninsekten sowie einigen Nachtfaltern Nahrung. Der Vorteil von Fledermausquartieren im Schatten gegenüber jenen in sonniger Lage ist ein ausgeglicheneres Klima, was gerade für Winterquartiere günstig sein kann.

Pflanzen für die fledermausfreundliche Blockhaldenstruktur, schattiger Standort (Auswahl)

Deutscher Name Botanischer Name	Blütezeit (Monate) Blütenfarbe	Wuchshöhe Bemerkungen	Herkunft	F	R
Weiches Lungenkraut *Pulmonaria mollis*	4 – 5 erst hellrot, dann rotviolett bis blaurot	15 – 30 cm	heimisch	0	2
Berg-Waldhyazinthe *Platanthera chlorantha*	5 – 7 gelblich weiß	20 – 40 cm Blüten nachtduftend	heimisch	4	0
Weiße Waldhyazinthe, Zweiblättrige Kuckucksblume *Platanthera bifolia*	5 – 7 weiß	20 – 40 cm Blüten nachtduftend	heimisch	4	0
Türkenbundlilie *Lilium martagon*	6 – 7 hellpurpur mit dunkleren Flecken	30 – 60 cm	heimisch	5	0
Gelber Fingerhut *Digitalis lutea*	6 – 8 hellgelb	40 – 80 cm	heimisch	1	2
Nickendes Leimkraut *Silene nutans*	6 – 8 weiß	20 – 80 cm	heimisch	5	1
Echter Wurmfarn *Dryopteris filix-mas*	7 – 9 Vermehrung durch Sporen, Farn	30 – 120 cm	heimisch	0	2
Schmalblättriges Weidenröschen *Epilobium angustifolium*	7 – 9 purpurrot	bis 120 cm	heimisch	1	1

F = Nahrung für Nachtfalter, **R** = Nahrung für Raupen von Nachtfaltern, weitere Hinweise auf den Seiten 80 und 81.

Vom Umgang mit Algen und Flechten im Garten

Vielen Gartenbesitzern sind grüne Beläge und Flechtenaufwüchse auf Wegen, Holz und Steinen ein Dorn im Auge. Mit den verschiedensten Methoden werden diese Aufwüchse bekämpft. Für den Naturgärtner stellt sich zunächst die Frage, ob überhaupt eine Bekämpfung nötig ist. Sehr viele Kleinschmetterlingsarten sowie einige nachtaktive Großschmetterlinge leben von Algen und Flechten auf Steinen oder Baumstämmen. Daher sollte ein vorhandener Aufwuchs niemals vollständig beseitigt werden.

Problematisch kann ein Algenaufwuchs auf Wegen sein. Solange es trocken ist, ruhen die Aktivitäten der Pflanzen. Sie sind nur als dunkle oder grünliche Beläge zu bemerken. Bei Nässe quellen diese Pflanzen und werden aktiv. Leider wird der Weg dabei rutschig. In solchen Fällen kann es sinnvoll sein, den Belag zu verringern, damit es nicht zu Unfällen kommt. Den Insekten, Fledermäusen und der eigenen Gesundheit zuliebe erfolgt dies mechanisch, ohne Einsatz von Bioziden.

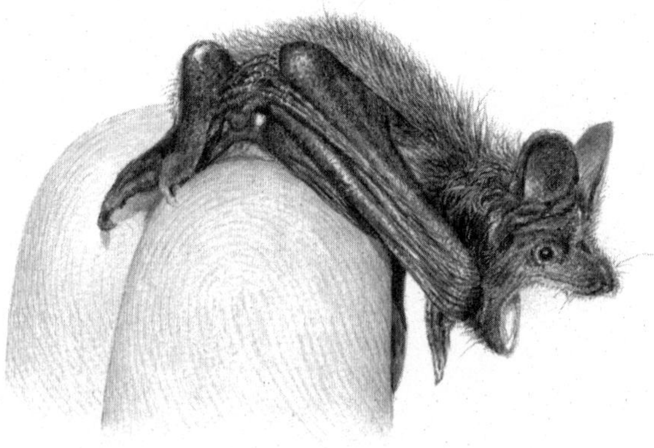

Eine junge, noch nicht flügge Zwergfledermaus: Die Zwergfledermaus ist eine der häufigsten heimischen Fledermausarten und wird mit Sicherheit in jedem Garten auftreten. Wie oft und regelmäßig sie das tut, hängt auch von der Gartengestaltung ab. Einige Hinweise dazu finden sich auf Seite 79.

Garten ohne Platz

Je kleiner der Garten ist, desto sorgfältiger muss allgemein die Bepflanzung ausgewählt werden. Um Fledermäuse auch in einen kleinen Garten einzuladen, gilt es, den Beuteinsekten der Tiere mit vergleichsweise wenigen Pflanzenarten ein optimales Angebot zu machen. Bei der Planung ist in solchen Fällen insbesondere der Platzbedarf der Pflanzen zu beachten, der für ein kontinuierliches Blütenangebot innerhalb des jeweiligen gewünschten Blühzeitraumes nötig ist.

Um während der gesamten Vegetationsperiode Blüten zu haben, kann sich die Grundausstattung mit Stauden an der folgenden Tabelle orientieren. Mit dieser Pflanzenauswahl ist es möglich, Nachtfaltern Nektarangebote von Mai bis Oktober bereitzustellen. Diese Pflanzenarten sollten möglichst noch um gute Raupennahrungspflanzen ergänzt werden.

Pflanzen für den kleinen fledermausfreundlichen Garten, sonniger Standort (Auswahl)

Deutscher Name Botanischer Name	Blütezeit (Monate) Blütenfarbe	Wuchshöhe Bemerkungen	Herkunft	F	R
Stauden					
Kleines Seifenkraut *Saponaria ocymoides*	5 – 6 rot	bis 20 cm bei Rückschnitt nachblühend	Alpen	4	0
Ausdauerndes Silberblatt *Lunaria rediviva*	5 – 7 hellviolett bis weißlich	bis 120 cm verträgt Schatten	heimisch	4	0
Polster-Nachtkerze *Oenothera missouriensis*	5 – 9 zitronengelb	bis 20 cm nachtblühend	Nord-amerika	5	0
Weiße Lichtnelke *Silene latifolia* subsp. *alba*	5 – 10 weiß	20 – 70 cm Nachtfalterblume	heimisch	5	1
Dost, Wilder Majoran *Origanum vulgare*	6 – 7 hellpurpur, selten weiß	bis 20 cm	heimisch	3	3
Dornige Hauhechel *Ononis spinosa*	6 – 8 hellrot bis purpurrot, dunkel gestreift	20 – 50 cm	heimisch	2	3
Nickendes Leimkraut *Silene nutans*	6 – 8 weiß	20 – 80 cm Nachtfalterblume, verträgt Halbschatten	heimisch	5	1

Deutscher Name Botanischer Name	Blütezeit (Monate) Blütenfarbe	Wuchshöhe Bemerkungen	Herkunft	F	R
Duftende Nachtkerze *Oenothera odorata* 'Sulphurea'	7 – 9 zartgelb mit rosa	bis 60 cm nachtblühend	Nord- amerika	5	0
Gewöhnliches Seifenkraut *Saponaria officinalis*	7 – 9 blassrosa bis weiß	bis 60 cm Nachtfalterblume	heimisch	4	0
Heidekraut *Calluna vulgaris*	8 – 9 rotlila	20 – 50 cm	heimisch	3	5
Gehölze					
Kultur-Pflaume, in Unterarten und Sorten *Prunus domestica*	3 – 4 weiß bis grünlich weiß	4 – 8 m	kultiviert	2*	4
Sal-Weide *Salix caprea*	3 – 4 goldgelb, grün	3 – 10 m	heimisch	4	5
Rote Heckenkirsche *Lonicera xylosteum*	4 – 5 gelblich weiß, später mattgelb	1 – 2 m	heimisch	3	5
Berberitze *Berberis vulgaris*	5 – 6 goldgelb	1 – 3 m	heimisch	4	2
Kletterpflanzen					
Wald-Geißblatt *Lonicera periclymenum*	6 – 7 gelblich weiß, rötlich überlaufen	1 – 3 m	heimisch	3	2
Weinrebe *Vitis vinifera*	6 – 7 gelbgrün	5 – 20 m	kultiviert	3**	1

F = Nahrung für Nachtfalter, **R** = Nahrung für Raupen von Nachtfaltern, weitere Hinweise auf den Seiten 80 und 81.
* zusätzlich Früchte als Falternahrung
** im September und Oktober Früchte als Falternahrung

Soll es auch im Frühjahr ein gutes Nektarangebot geben, sind frühblühende Gehölze in den Pflanzplan einzubeziehen. Damit vergrößert sich freilich die überschattete Fläche, weshalb dann mehr schattenverträgliche Pflanzenarten eingeplant werden sollten (siehe Seite 98). Die Kombination der genannten Stauden und Gehölze im Garten bietet Nachtfaltern Nahrungsangebote von März bis Oktober.

Für möglichst vielfältige Strukturen können zusätzlich Pfosten, Wände und Dachflächen in die Begrünung einbezogen werden (siehe auch ab Seite 117). Besonders interessant für die Berankung in kleinen Gärten können zwei Pflanzenarten sein: Waldgeißblatt und Weinrebe. Geißblatt und Weinrebe bieten mit ihren Blüten beziehungsweise Früchten nicht nur Faltern, sondern auch einigen von deren Raupen Nahrung. Zusätzlich werden sie von Laubheuschrecken besiedelt, einer häufigen Beute des Langohrs. Außerdem neigen diese Arten weniger stark als andere Rankgewächse dazu, in Spalten und Ritzen einzudringen. Dafür benötigen sie allerdings je nach Situation Rankhilfen in Form von Gittern oder aufgespannten Drähten.

Balkonkästen und Terrassenkübel

Wer nur ein paar Pflanzkübel vor dem Fenster, auf dem Balkon oder der Terrasse zur Verfügung hat, steht vor einer besonderen Herausforderung, diese fledermausfreundlich zu bepflanzen. Die Pflanzfläche ist stark beschränkt und nicht alle Pflanzen gedeihen gut in Kästen. Außerdem sind die Möglichkeiten, die Pflanzen günstig für das Absuchen durch Fledermäuse anzuordnen, begrenzt. Wer Platz für mehrere Pflanzgefäße hat, kombiniert in einem Gefäß großwüchsige und kletternde Pflanzen, im anderen kleinere, überwiegend nachtfalterblütige Arten.

Wenn die Arten neben ihrem Nektarangebot nicht als Raupennahrungspflanzen dienen, können sie außerhalb ihrer Blütezeiten auch zurückgeschnitten und durch aktuell blühende Arten ersetzt werden. Geschickter ist es aber, Nachbarn für die Idee einer fledermausfreundlichen Bepflanzung zu begeistern und die Bepflanzung so abzustimmen, dass in den Kübeln mehrerer Nachbarn während der gesamten Vegetationsperiode verschiedene Pflanzen blühen.

Bei solch kleinen Nahrungsinseln für Nachtinsekten kann man nicht erwarten, dass einzelne Blumenkästen gezielt von Fledermäusen angeflogen werden. Die Pflanzen sorgen eher allgemein für mehr Nachtinsekten in der Luft. Ist aber eine gewisse Anzahl von Blumenkästen an der Fassade vorhanden, gibt es tatsächlich den Effekt, dass die eine oder andere Fledermausart, wie das Braune Langohr, die Fransenfledermaus oder auch die seltene Wimpernfledermaus, die mit Blumenkästen bestücke Fassade gezielt nach Insekten absucht. Licht in den Fenstern stört die Tiere wenig. Manchmal fliegen sie durch offene

Fenster sogar in die Zimmer ein, um nach Fliegen an den Wänden zu suchen. Dies aber eher, wenn es im Raum dunkel und ruhig ist. Katzenbesitzer sollten Vorsorge treffen, damit Katze und Fledermaus auf dem Balkon oder im Zimmer nicht zusammentreffen (siehe auch Seite 72).

Pflanzen für fledermausfreundliche Balkonkästen und Terrassenkübel, sonniger Standort (Auswahl)

Deutscher Name Botanischer Name	Blütezeit (Monate) Blütenfarbe	Wuchshöhe Bemerkungen	Herkunft	F	R
Kleinwüchsige Pflanzen für den Pflanzkasten					
Kleines Seifenkraut *Saponaria ocymoides*	5 – 6 rot	bis 20 cm bei Rückschnitt nachblühend	Alpen	4	0
Pfingst-Nelke *Dianthus gratianopolitanus*	5 – 6 hellpurpur	10 – 20 cm	heimisch	3	0
Echter Thymian *Thymus vulgaris*	5 – 7 lila, rosa, weißlich	15 – 30 cm	Südwest-europa	2	2
Polster-Nachtkerze *Oenothera missouriensis*	5 – 9 zitronengelb	bis 20 cm nachtblühend	Nord-amerika	5	0
Taubenkropf-Leimkraut, Gemeines Leimkraut *Silene vulgaris*	5 – 9 weiß	bis 50 cm Nachtfalterblume	heimisch	4	2
Dost, Wilder Majoran *Origanum vulgare*	6 – 7 hellpurpur, selten weiß	bis 20 cm	heimisch	3	3
Tauben-Skabiose *Scabiosa columbaria*	6 – 10 blau	20 – 70 cm	heimisch	2	1
Acker-Witwenblume, Wiesen-Witwenblume *Knautia arvensis*	7 – 8 bläulich rot bis violett	30 – 80 cm	heimisch	3	2
Duftende Nachtkerze *Oenothera odorata* 'Sulphurea'	7 – 9 zartgelb mit rosa	bis 60 cm nachtblühend	Nord-amerika	5	0
Wirbeldost *Clinopodium vulgare*	7 – 10 hellpurpur	20 – 50 cm	heimisch	2	1
Heidekraut *Calluna vulgaris*	8 – 9 rotlila	20 – 50 cm	heimisch	3	5

Deutscher Name Botanischer Name	Blütezeit (Monate) Blütenfarbe	Wuchshöhe Bemerkungen	Herkunft	F	R
Seifenkraut 'Max Frei' *Saponaria × lempergii* 'Max Frei', Hybride aus *Saponaria cypria × sicula*	8 – 9 hellrosa	bis 40 cm	kultiviert	3	0
Größere Pflanzen für den Pflanztrog					
Rote Heckenkirsche *Lonicera xylosteum*	4 – 5 gelblich weiß, später mattgelb	1 – 2 m	heimisch	3	5
Himbeere *Rubus idaeus*	5 – 6 weiß	50 – 120 cm	heimisch	1	5
Wohlriechendes Geißblatt, Duftgeißblatt *Lonicera caprifolium*	5 – 6 weiß, rosa überlaufen	2 – 4 m Kletterpflanze	Südost-europa	4	1
Besenginster *Cytisus scoparius*	5 – 7 hellgelb	50 – 200 cm	heimisch	0	5
Wald-Geißblatt *Lonicera periclymenum*	6 – 7 gelblich weiß, rötlich überlaufen	1 – 3 m Kletterpflanze	heimisch	3	2
Italienische Waldrebe oder **Clematis** *Clematis viticella* oder *Clematis × jackmannii*, Hybride	6 – 8 weiß, blau, hellviolett, dunkelviolett	2 – 3 m Kletterpflanze	kultiviert	1	2

F = Nahrung für Nachtfalter, **R** = Nahrung für Raupen von Nachtfaltern, weitere Hinweise auf den Seiten 80 und 81.

Falterfütterung einrichten

Wenn der Blütenflor kein durchgehendes Nahrungsangebot für Nachtfalter bietet, kann eine künstliche »Faltertankstelle« die Phase ohne Angebot überbrücken. Hierfür lässt man Fruchtmus oder Marmelade – eventuell mit etwas Wein und Zucker vermischt – angären. Die gärende Masse wird abends mit einem Pinsel auf Stämme oder aufgehängte Rindenstücke im Garten oder auf dem Balkon gestrichen. Es können zum Beispiel auch getrocknete Apfelringe in die Mischung getaucht und aufgehängt werden. Die Falter bemerken den Geruch bei ihrer Nahrungssuche, fliegen die Stelle an und nehmen vom Saft des Fruchtbreis auf. Auch viele Käfer- und Ameisenarten besuchen diese Fütterung.

Wasser und Sumpf

Für Fledermäuse ist im Teich insbesondere das Wasser als Insektenlebensraum wichtiger als ein Blütenangebot (siehe auch Seite 47). Damit die Fledermaus über dem Wasser tanzende Insekten erbeuten und Wasser trinken kann, sollte darauf geachtet werden, den Teich nicht mit Wasserpflanzen und Sumpfpflanzen zu überfüllen.

Anders ist dies bei den Uferzonen oder wenn eine Sumpfzone an den Teich angegliedert ist. Für diese Bereiche gibt es eine überraschende Fülle von Pflanzen, die gerne von Nachtinsekten aufgesucht werden und sich somit gut für die fledermausfreundliche Gestaltung des Gartengewässers eignen. Diese Pflanzen können drei Gruppen zugeordnet werden: Röhrichtgesellschaften, Uferstauden sowie Pflanzen nasser und feuchter Wiesen.

Pflanzen für die fledermausfreundliche Gestaltung von Wasser und Sumpf (Auswahl)

Deutscher Name Botanischer Name	Blütezeit (Monate) Blütenfarbe	Wuchshöhe Bemerkungen	Herkunft	F	R
Röhrichtgesellschaften					
Sumpf-Segge *Carex acutiformis*	5 – 6 Bestäubung durch den Wind	30 – 100 cm	heimisch	0	2
Gewöhnliche Sumpfbinse *Eleocharis palustris*	5 – 8 Bestäubung durch den Wind	15 – 50 cm	heimisch	4	0
Schilf *Phragmites australis*	7 – 9 Bestäubung durch den Wind	1 – 4 m	heimisch	2	3
Uferstauden					
Rohr-Schwingel *Festuca arundinacea*	6 – 7 Bestäubung durch den Wind	50 – 120 cm	heimisch	4	1
Echtes Mädesüß *Filipendula ulmaria*	6 – 8 gelblich weiß	50 – 150 cm	heimisch	0	3
Flatter-Binse *Juncus effusus*	6 – 8 grün	30 – 80 cm	heimisch	4	1
Gewöhnlicher Gilbweiderich *Lysimachia vulgaris*	6 – 8 goldgelb, am Rand rötlich	50 – 150 cm	heimisch	1	2

Deutscher Name *Botanischer Name*	Blütezeit (Monate) Blütenfarbe	Wuchshöhe Bemerkungen	Herkunft	F	R
Blut-Weiderich *Lythrum salicaria*	6 – 9 purpurrot	50 – 120 cm	heimisch	2	1
Wald-Engelwurz *Angelica sylvestris*	7 – 8 weiß, rötlich	100 – 200 cm	heimisch	1*	3
Sumpf-Kratzdistel *Cirsium palustre*	7 – 9 purpurrot	50 – 180 cm Dornen! nicht am Fledermausquartier	heimisch	2	2
Wasserdost *Eupatorium cannabinum*	7 – 9 schmutzig rosarot bis kupferrot oder weißlich	75 – 150 cm	heimisch	3	2
Stauden nasser und feuchter Wiesen					
Hohe Schlüsselblume *Primula elatior*	3 – 4 hellgelb, Schlund dunkler	10 – 20 cm	heimisch	0	3
Schlangen-Knöterich *Bistorta officinalis*	5 – 7 rötlich weiß	30 – 60 cm	heimisch	2	2
Gewöhnliche Sumpfbinse *Eleocharis palustris*	5 – 8 Bestäubung durch den Wind	15 – 50 cm	heimisch	4	0
Rohr-Schwingel *Festuca arundinacea*	6 – 7 Bestäubung durch den Wind	50 – 120 cm	heimisch	4	1
Flatter-Binse *Juncus effusus*	6 – 8 grün	30 – 80 cm	heimisch	4	1
Gewöhnliches Pfeifengras *Molinia caerulea*	6 – 8 Bestäubung durch den Wind	bis 100 cm	heimisch	4	4
Kohl-Kratzdistel *Cirsium oleraceum*	7 – 9 bleichgelb	50 – 150 cm	heimisch	3	2
Sumpf-Kratzdistel *Cirsium palustre*	7 – 9 purpurrot	50 – 180 cm Dornen! nicht am Fledermausquartier	heimisch	2	2

F = Nahrung für Nachtfalter, **R** = Nahrung für Raupen von Nachtfaltern, weitere Hinweise auf den Seiten 80 und 81.

* zusätzlich Wanzen und Blütenkäfer

Auch kleine Gewässer – selbst ein Mörtelkübel mit ein paar Wasserpflanzen – können nachtaktiven Beutetieren der Fledermaus Lebensraum bieten – zum Beispiel für die Eintagsfliege. Auch Mücken und Köcherfliegen stehen auf dem Speiseplan einiger Fledermausarten.

Schilf und Sumpf-Segge aus der Gruppe der Röhrichtgesellschaft sind am Teich schwierig unter Kontrolle zu halten. Es besteht die Gefahr, dass sie den gesamten Teich überwachsen. Möchte man diese Arten trotzdem im Garten pflanzen, empfiehlt sich ein separater Pflanzteich mit wurzelfester Abdichtung, der keine direkte Verbindung zum eigentlichen Gewässer hat. Der Rand der Abdichtung – zum Beispiel aus Teichfolie – oder der Rand des Pflanzbeckens sollte aus der Erde schauen, damit ihn die Wurzelausläufer der Röhrichte nicht überwachsen.

Die Uferstaudengesellschaft ist gewissermaßen ein »Staudenbeet mit nassen Füßen«. Dort können sich blütenreiche und artenreiche Pflanzenbestände als Nahrungsgrundlage und Tagesverstecke für nachtaktive Insekten entwickeln. Auch aus dem Teich geschlüpfte mögliche Beutetiere für Fledermäuse wie Zuckmücken, Köcherfliegen und Eintagsfliegen finden dort im Halmdickicht und unter Blättern geeignete Tagesverstecke.

Die in der Tabelle auf Seite 115 genannten Stauden nasser und feuchter Wiesen sind nur begrenzt innerhalb einer Wiese kombinierbar. Sie haben – was Basenversorgung, Mahdzeitpunkte und Nässe angeht – teilweise sehr unterschiedliche Bedürfnisse, weil sie verschiedenen Typen von Standorten entstammen. Ähnlich wie bei Anlage und Gestaltung einer trockenen Wiese (siehe Seite 92), gilt es auch bei nassen und feuchten Wiesen sorgfältig zu planen, was gemeinsam gedeihen kann. Einige der genannten Arten – zum Beispiel Flatter-Binse oder Sumpf-Kratzdistel – können sowohl in feuchten und nassen Wiesen als auch in ungemähten Uferstaudengesellschaften überleben. Sie tauchen deshalb in beiden Vorschlagstabellen auf.

Für die Pflege der Uferstauden können die Hinweise zur Pflege von Staudenbeeten dienen (siehe Seite 102), für die Wiesenpflege die Hinweise für die Wiesen (siehe Seite 92). Für letztere ist allerdings zu beachten, dass eine größere Bodenfeuchte im Allgemeinen einen späteren Zeitpunkt für die Erstmahd bedeutet. Echte Nasswiesen waren früher erst im Spätsommer trocken genug, um sie mähen zu können. Das Mahdgut ließ sich dann oft nur noch als Einstreu verwenden.

Echtes Geißblatt duftet abends berauschend süß. In den Genuss seines Nektars kommen nur jene Nachtfalterarten, die vor den Blüten schweben können und besonders lange Rüssel haben – sofern sie nicht vom Braunen Langohr dabei erwischt werden …

Mauern, Zäune und Dächer

Extreme Bedingungen für Pflanzen und vom restlichen Garten abweichende Lebensräume bieten Bauwerke im Garten. Dazu zählen zum Beispiel Gartenhütte, Laube, Garage, Carport und Fahrradunterstand, aber auch Sichtschutzgitter, Mauern und Ähnliches. Einige Insektenarten sind auf die Pflanzen solcher Standorte spezialisiert – und Fledermäuse wiederum interessieren sich oft für genau diese Insekten. Standortgerechte Berankungen und Begrünungen von Bauwerken ergänzen die Lebensraumvielfalt somit sinnvoll auch für Fledermäuse im Garten.

Beranken und Begrünen

Bei der Berankung von Mauern und Gegenständen wie Zäunen oder Pfosten muss grundsätzlich darauf geachtet werden, die betreffenden Bauten mit der Eingrünung nicht zu gefährden.

Von Wandbegrünungen profitieren besonders diejenigen Fledermausarten, die sitzende Beute im Laubwerk finden. Zu diesen gehört das Braune Langohr, das solche Wände absucht. Mehr Hinweise zur Gestaltung des Gartens für das Braune Langohr sind auf Seite 79 zu finden.

In der Regel erfolgt die Berankung mit Hilfe von Kletterpflanzen, da sich Mauern nur in wenigen Fällen – zum Beispiel bei lehmverfugten Bruchstein(garten)mauern – für eine Begrünung mit Pflanzen der Felsspaltengesellschaften eignen. Voraussetzung für eine Rankbepflanzung ist ein Pflanzbeet oder Pflanzkübel vor der Mauer. Wird ein Kübel verwendet, sind die Nährstoffreserven begrenzt und die Kultivierung der Rankpflanzen erfordert erheblich mehr Pflege in Form von Düngung und Bewässerung.

Einige Kletterpflanzen können mit ihren Trieben oder ihren Wurzeln in Spalten eindringen oder Öffnungen durchwachsen und so erhebliche Schäden verursachen. Die richtige Auswahl der Pflanzen ist eine Möglichkeit, solche Schäden zu vermeiden. Wichtig ist es, das Berankungsobjekt vor dem Setzen der Pflanzen auf Schwachstellen zu prüfen und diese gegebenenfalls zu beseitigen. Als Hilfestellung hierzu nachfolgende Checkliste:

- Kann das Bauwerk durch Dauerbeschattung aufgrund des Blätterkleides der Pflanzen beschädigt werden (zum Beispiel feuchteres Milieu bei Holz)?

- Sind Öffnungen (zum Beispiel Gitter) oder baulich bedingte Spalten (zum Beispiel Dachziegel oder Abstände zwischen Regenfallrohr und Wand) vorhanden, die beim Wachstum der Pflanzen beschädigt, verbogen werden könnten?
- Gibt es am Bauwerk Substrate (zum Beispiel Lehm in Fugen) oder andere Stellen (Putzrisse, Anschlussfugen), in die Wurzeln einwachsen könnten?

Schnell wachsende Pflanzen mit Verankerungswurzeln oder Seitentrieben, die sich in Spalten einbohren, sind besonders problematisch und ihr Einsatz muss sorgfältig bedacht werden. Dazu gehören Glyzinie und Blauregen, die sehr gerne Dächer durchwachsen. Diese Arten sind aus Fledermaussicht jedoch weniger interessant. Mehr Bedeutung im fledermausfreundlichen Garten haben Efeu und Wilder Wein. Auch bei diesen Rankgewächsen ist immer daran zu denken, das Gebäude gegen Schäden durch Haftwurzeln oder Ranken zu sichern und die Pflanzen regelmäßig etwa an der Dachkante zurückzuschneiden. Vor allem Efeu dringt gerne in Risse und Spalten ein und muss entsprechend regelmäßig kontrolliert und gepflegt werden. In der Regel weniger problematisch sind Pflanzen, die eine Rankhilfe benötigen, zum Beispiel Clematis oder Duftgeißblatt. Doch auch in diesen Fällen kann es zu Schäden kommen, insbesondere indem die Pflanzen beim Dickenwachstum Strukturen verbiegen (zum Beispiel Fallrohre, Blitzableiter) oder einwachsen (zum Beispiel Eisenteile von Zäunen).

Die größte Wirkung im Hinblick auf die Nahrungstiere der Fledermaus entfalten berankte Wände, wenn sie von der Abendsonne beschienen sind, also Südwest-West-Exposition haben. Besonders mit Efeu berankte Wände können nach einiger Zeit auch Verstecke für Zwergfledermaus, Rauhautfledermaus und Langohren bieten. Im Geflecht der Stämmchen entstehen abgedeckt vom Laubwerk Spalten und kleine Taschen, die von den Fledermäusen genutzt werden können. An Wohnhäusern dienen diese sogar als Winterverstecke, die regelmäßig von der Rauhautfledermaus genutzt werden – wobei es die eher ausgeglichen temperierten Bereiche der Wand sind, die hierfür genutzt werden, abhängig von der Lage und tageszeitlichen Beschattung.

Die beiden folgenden Tabellen bieten eine fledermausfreundliche Auswahl selbst kletternder Pflanzen sowie Pflanzen, die eine Rankhilfe benötigen.

Selbst kletternde Pflanzen für die fledermausfreundliche Wandbegrünung, sonniger bis teilsonniger Standort (Auswahl)

Deutscher Name Botanischer Name	Blütezeit (Monate) Blütenfarbe	Wuchshöhe Bemerkungen	Herkunft	F	R
Wilder Wein dreilappig, Kletterwein *Parthenocissus tricuspidata*	7 – 8 gelbgrün	bis 20 m	Japan	2*	1
Fünfblättriger Wilder Wein, Gewöhnliche Jungfernrebe *Parthenocissus inserta*	7 – 9 gelbgrün	über 5 m	Nord-amerika	2*	1
Selbst kletternde Jungfernrebe *Parthenocissus quinquefolia*	7 – 9 gelbgrün	über 5 m	Nord-amerika	2*	1
Gewöhnlicher Efeu *Hedera helix*	9 – 10 gelbgrün	bis 30 m	heimisch	2*	1

F = Nahrung für Nachtfalter, **R** = Nahrung für Raupen von Nachtfaltern, weitere Hinweise auf den Seiten 80 und 81.
*Anmerkung: Diese Pflanzen bieten auch Laubheuschrecken, die von einigen Fledermausarten gerne gefressen werden, Lebensraum. Diese Kletterpflanzen sind damit bei Laubabsuchern, zum Beispiel Langohr-Fledermäusen, als Jagdstruktur beliebt.

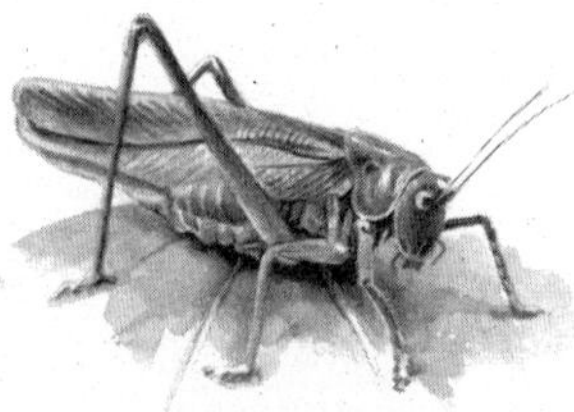

Dichtes Blattwerk von Efeu oder Wildem Wein bietet Laubheuschrecken Unterschlupf. Das Grüne Heupferd macht wie viele andere Heuschrecken durch seine Gesänge auf sich aufmerksam und läuft daher Gefahr, nicht nur vom erhofften Weibchen, sondern auch von Fledermäusen leicht gefunden zu werden. Seine stattliche Größe schützt es immerhin vor dem Zugriff durch das Braune Langohr, dem eifrigsten Sucher im Blattwerk.

Rankpflanzen für die fledermausfreundliche Wandbegrünung, sonniger bis teilsonniger Standort, Rankhilfen notwendig (Auswahl)

Deutscher Name Botanischer Name	Blütezeit (Monate) Blütenfarbe	Wuchshöhe Bemerkungen	Herkunft	F	R
Kultur-Apfel, in Sorten (Garten-Apfel) *Malus domestica*	4 – 5 weiß bis rosa	bis 12 m als Spalierobst	kultiviert	2*	5
Kultur-Birne, in Sorten *Pyrus communis*	4 – 5 weiß	bis 20 m als Spalierobst	kultiviert	3*	3
Wohlriechendes Geißblatt, Duftgeißblatt *Lonicera caprifolium*	5 – 6 weiß, rosa überlaufen	2 – 4 m	Südost- europa	4	1
Hunds-Rose *Rosa canina*	5 – 7 hellrosa, weiß	1 – 3 m Stacheln! nicht am Fledermausquartier	heimisch	1	4
Gewöhnliche Waldrebe *Clematis vitalba*	6 – 7 weißlich	3 – 20 m	heimisch	1	4
Wald-Geißblatt *Lonicera periclymenum*	6 – 7 gelblich weiß, rötlich überlaufen	1 – 3 m	heimisch	3	2
Weinrebe *Vitis vinifera*	6 – 7 gelbgrün	5 – 20 m	kultiviert	3**	1
Italienische Waldrebe oder **Clematis** *Clematis viticella* oder *Clematis × jackmannii*, Hybride	6 – 8 weiß, blau, violett, dunkelviolett	2 – 3 m	kultiviert	1	2
Artengruppe Echte Brombeere *Rubus fructicosus* agg.	6 – 9 weiß, selten rosafarben	1 – 5 m Stacheln! nicht am Fledermausquartier	heimisch	2*	5

F = Nahrung für Nachtfalter, **R** = Nahrung für Raupen von Nachtfaltern, weitere Hinweise auf den Seiten 80 und 81.

* Zusätzlich zu den Blüten bieten die Früchte dieser Pflanzen (insbesondere von Birne) Nahrung für Falter und andere Nahrungstiere von Fledermäusen.

** im September und Oktober Früchte als Falternahrung

Eher selten bietet sich die Möglichkeit, Mauerwerk mit Kräutern zu begrünen. Für diese optisch ansprechende Maßnahme eignen sich lehmverfugte Mauern gut. Wichtige Pflanzenarten für fliegende Nachtinsekten lassen sich dabei jedoch nur begrenzt einbringen. Da in der Summe eine größere Pflanzenartenvielfalt auch die Insektenvielfalt fördert, haben auch mit Kräutern bewachsene Mauerfugen im fledermausfreundlichen Garten ihren Platz. Zudem werden diese Mauern von Insekten und Spinnentieren belaufen, die Beute spezialisierter Fledermausarten sind.

Die Anlage solcher Mauerfugengesellschaften kann anspruchsvoller sein als die eines Alpinums. Mauerfarne beispielsweise lassen sich nur sehr schwer verpflanzen. Leichter ist es auf der Mauerkrone, die sich auch mit einigen der bereits für den Steingarten genannten Pflanzen begrünen lässt (siehe Seite 106 und Seite 107). Bei einer derartigen Begrünung ist zu berücksichtigen, dass sie die Wandfeuchte verändern kann und dass sich das Substrat der Mauerfugen durch die Wuchstätigkeit ändert. Daher sind Vorsicht und sorgfältige Planung erforderlich, insbesondere bei Mauern von Gebäuden.

Die folgende Tabelle enthält eine Auswahl an Pflanzenarten, die in und auf einer Mauer gedeihen können und insbesondere auch Nachtfaltern Nahrung bieten. Soweit keine Einschränkungen genannt sind, können die betreffenden Pflanzen an verschiedenen Stellen des Mauerwerkes wachsen, also sowohl auf der Mauerkrone als auch in den Fugen. Schwache Mörtelfugen können für manche Pflanzen hilfreich sein, da sie ein rasches Austrocknen der Mauerfugen verhindern und so bessere Wuchsbedingungen für die Mauerspaltenpflanzen schaffen.

Kräuter für die fledermausfreundliche Begrünung von Mauerfugen und Mauerkrone, sonniger Standort (Auswahl)

Deutscher Name Botanischer Name	Blütezeit (Monate) Blütenfarbe	Wuchshöhe Bemerkungen	Herkunft	F	R
Feld-Thymian *Thymus pulegioides*	5 – 7 hellpurpur bis dunkelpurpur	bis 30 cm auf der Mauerkrone	heimisch	2	3

Deutscher Name Botanischer Name	Blütezeit (Monate) Blütenfarbe	Wuchshöhe Bemerkungen	Herkunft	F	R
Taubenkropf-Leimkraut, Gemeines Leimkraut *Silene vulgaris*	5 – 9 weiß	bis 50 cm Nachtfalterblume	heimisch	4	2
Dost, Wilder Majoran *Origanum vulgare*	6 – 7 hellpurpur, selten weiß	bis 20 cm auf der Mauerkrone	heimisch	3	3
Milder Mauerpfeffer *Sedum sexangulare*	6 – 7 gelb	5 – 10 cm auf der Mauerkrone	heimisch	1	0
Scharfer Mauerpfeffer *Sedum acre*	6 – 7 leuchtend goldgelb	5 – 10 cm auf der Mauerkrone	heimisch	1	0
Gewöhnlicher Natternkopf und Verwandte *Echium vulgare*	6 – 8 erst rosa, dann leuchtend blau	30 – 80 cm auf der Mauerkrone	heimisch	3	1
Weiße Fetthenne *Sedum album*	6 – 8 weiß	5 – 20 cm auf der Mauerkrone	heimisch	1	0
Zymbelkraut, Mauer-Zimbelkraut *Cymbalaria muralis*	6 – 8 hellviolett, Gaumen gelb	30 60 m	Südeuropa	0	1
Rundblättrige Glockenblume *Campanula rotundifolia*	6 – 9 blauviolett	10 – 30 cm	heimisch	0	1
Brauner Streifenfarn *Asplenium trichomanes*	7 – 8 Vermehrung durch Sporen, Farn	5 – 30 cm	heimisch	0	0
Hirschzunge *Asplenium scolopendrium*	7 – 8 Vermehrung durch Sporen, Farn	20 – 40 cm	heimisch	0	0
Garten-Resede *Reseda odorata*	7 – 9 grünlich bis grünlich gelb	20 – 80 cm auf der Mauerkrone	Afrika, kultiviert	2	0
Mauerraute *Asplenium ruta-muraria*	7 – 9 Vermehrung durch Sporen, Farn	3 – 15 cm gedeiht eher an mörtelgefugten Mauern	heimisch	0	0
Feld-Beifuß *Artemisia campestris*	8 – 10 gelb, rötlich	30 – 80 cm auf der Mauerkrone	heimisch	0	3

F = Nahrung für Nachtfalter, R = Nahrung für Raupen von Nachtfaltern, weitere Hinweise auf den Seiten 80 und 81.

Dachbegrünung

Einige Varianten der Dachbegrünung lassen sich nur bei ganz bestimmten Dachkonstruktionen und Dachneigungen verwirklichen. Auf die speziellen Unterschiede kann hier nicht eingegangen werden. In allen Fällen muss die Bepflanzung auf dem Dach mit starken Schwankungen der Wasserversorgung zurechtkommen. Regenperioden mit völlig durchnässtem Substrat muss sie ebenso aushalten wie extreme Trockenheit. Wie extrem die Schwankungen maximal sein dürfen, damit die Pflanzen nicht eingehen, hängt vom Aufbau der Pflanzschicht ab. Je dünner die Pflanzschicht ist und je schneller das Wasser abgeleitet wird, desto stärker wirken sich Trockenperioden auf die Pflanzen aus. Auf dem Dach spielen daher Pflanzen, die innerhalb ihres Körpers Wasser speichern können, eine große Rolle.

Für eine Dachbegrünung, bei der die Nahrungsbedürfnisse der Fledermäuse berücksichtigt werden sollen, ergeben sich daraus allerdings Probleme: Die meisten wasserspeichernden Dickblattgewächse – etwa Mauerpfeffer und Dachwurzen – sind nur wenig attraktiv für Nachtfalter. Andererseits bieten gerade solch kleinklimatisch extreme Orte wie Dachflächen Entwicklungsräume für spezialisierte Mücken und Kleinschmetterlinge, die nachts fliegen. Daher ist es sinnvoll, neben den extrem genügsamen Pflanzenarten, die jedoch weniger interessant für Nachtinsekten und damit auch für Fledermäuse sind, auf dem Dach auch das Gedeihen einiger weiterer Arten zu ermöglichen, die eine größere Insektenvielfalt ermöglichen. Die folgende Tabelle enthält eine solche Auswahl für sonnige Standorte.

Allgemein sind auf der Dachfläche wie sonst im Garten möglichst viele unterschiedliche Pflanzenarten erwünscht. Gerade wenn jede Pflanzenart für sich nur eine geringe Attraktivität für Nachtinsekten hat, kann in der Summe so doch ein gutes Spektrum an Beutetierarten für Fledermäuse unterkommen.

Pflanzen für die fledermausfreundliche Dachbegrünung, sonniger Standort (Auswahl)

Deutscher Name Botanischer Name	Blütezeit (Monate) Blütenfarbe	Wuchshöhe Bemerkungen	Herkunft	F	R
Artengruppe Schaf-Schwingel *Festuca ovina* agg.	5 – 6 Bestäubung durch den Wind	10 – 30 cm	heimisch	0	2
Pfingst-Nelke *Dianthus gratianopolitanus*	5 – 6 hellpurpur	10 – 20 cm	heimisch	3	0
Aufrechte Trespe *Bromus erectus*	5 – 7 Bestäubung durch den Wind	30 – 60 cm	heimisch	0	2
Feld-Thymian *Thymus pulegioides*	5 – 7 hellpurpur bis dunkelpurpur	bis 30 cm	heimisch	2	3
Dost, Wilder Majoran *Origanum vulgare*	6 – 7 hellpurpur, selten weiß	bis 20 cm	heimisch	3	3
Milder Mauerpfeffer *Sedum sexangulare*	6 – 7 gelb	5 – 10 cm anspruchslos	heimisch	1	0
Scharfer Mauerpfeffer *Sedum acre*	6 – 7 leuchtend goldgelb	5 – 10 cm anspruchslos	heimisch	1	0
Draht-Schmiele *Deschampsia flexuosa*	6 – 8 Bestäubung durch den Wind	30 – 50 cm	heimisch	0	3
Weiße Fetthenne *Sedum album*	6 – 8 weiß	5 – 20 cm relativ anspruchslos	heimisch	1	0
Kleine Bibernelle *Pimpinella saxifraga*	6 – 10 weiß, gelblich weiß, selten rosa	15 – 50 cm	heimisch	1	3

F = Nahrung für Nachtfalter, **R** = Nahrung für Raupen von Nachtfaltern, weitere Hinweise auf den Seiten 80 und 81.

Komposthaufen

Ein Komposthaufen und seine Befüllung werden im Allgemeinen vor allem aus dem Blickwinkel einer schnellen Kompostierung gesehen. Was auf den Komposthaufen gelangt, legt jedoch auch fest, welche Tierarten während des Verrottens im Substrat leben.

Reich gedeckter Tisch: Rosenkäfer, Kurzflügelkäfer, Pilzmücken und viele mehr können sich im Komposthaufen entwickeln und den Speiseplan der Fledermaus bereichern.

Aus Sicht der Fledermäuse gehört in jeden guten Komposthaufen Holz. Gut eignet sich klein geschnittenes oder geschreddertes Reisig, noch besser sind Holzspäne aus der Kleintierhaltung oder das Sägemehl vom Holzmachen. Der Holzanteil ermöglicht einer Reihe von Käferlarven – beispielsweise aus der Rosenkäfer-Gruppe –, den Komposthaufen zu besiedeln. Die Larven sollten zur Entwicklung kommen, weil sich die Fledermäuse für die fertig entwickelten Käfer, die schließlich an die Oberfläche gelangen, interessieren. Auch aus der artenreichen Gruppe der Kurzflügelkäfer zieht es bei genügend Holz viele in den Kompost. Sie beschleunigen die Zersetzung des Materials und fliegen teilweise nachts, was dann den Speiseplan der Fledermäuse bereichert.

Dieser Aspekt sollte aber nicht dazu führen, alles im Garten auftretende Totholz im Komposthaufen zu verarbeiten. Stärkere Äste oder abgestorbene Bäume, die am früheren Wuchsort stehen bleiben, dienen auf Totholzstrukturen spezialisierten Insekten wie Holzwespen, Prachtkäfern und Bockkäfern auf diese Weise besser als im Kompost und bereichern durch die ausschlüpfenden Insekten die Speisezettel der Fledermäuse. Die Bohrgänge wiederum werden nicht nur von tagaktiven Bienen und Grabwespen genutzt: Es stellen sich dort auch nachtaktive Ameisen, Spinnen und Pilzmücken ein, die ebenfalls Fledermausbeute sein können.

Gärendes Obst auf dem Komposthaufen und unter Obstbäumen und Sträuchern fördert das Auftreten von Fliegen, Mücken und einigen Käferarten, von denen etliche nachtaktive Arten als Nahrungstiere für Fledermäuse in Frage kommen. Tagsüber lockt solches Obst allerdings auch Wespen an.

Begrünt gibt Zusatzfutter

Ein Komposthaufen wird oft als wenig ansprechend empfunden und als notwendiges Übel der nachhaltigen Gartenbewirtschaftung gesehen. Den optischen Mängeln lässt sich mit einer ansprechenden Einfassung begegnen, die sich auch mit Gebüschen begrünen lässt. Einige Pflanzenarten können auch auf dem halb verrotteten Kompost gedeihen und ihn mit ihrem Blattwerk bedecken. Mit dem Bewuchs wiederum treten Insekten auf, die vom Blattwerk der Pflanzen leben oder die Blüten besuchen.

Pflanzen für die fledermausfreundliche Begrünung des Komposthaufens, sonniger Standort (Auswahl)

Deutscher Name Botanischer Name	Blütezeit (Monate) Blütenfarbe	Wuchshöhe Bemerkungen	Herkunft	F	R
Garten-Kürbis *Cucurbita pepo*	6 – 8 goldgelb	kriechende Ausdehnung bis 10 m oder kletternd	Nordamerika (zwischen Peru und südlicher USA)	1*	0
Zucchino *Cucurbita pepo* subsp. *pepo* convar. *giromontiina*	6 – 9 gelb	60 – 100 cm	Nordamerika (zwischen Peru und südlicher USA)	1*	0
Große Kapuzinerkresse *Tropaeolum majus*	6 – 10 gelb, orange, rot	15 – 30 cm	Südamerika (Brasilien, Peru)	1*	0

F = Nahrung für Nachtfalter, R = Nahrung für Raupen von Nachtfaltern, weitere Hinweise auf den Seiten 80 und 81.

* Die großen Blätter der Pflanzen sind beliebte Tagverstecke für Nachtfalter.

Weitere Pflanzen für fledermausfreundliche Gärten

Die folgende Tabelle stellt weitere – bisher nicht genannte – Pflanzen vor, mit denen sich der Garten fledermausfreundlich gestalten lässt.

Stauden und Zwergsträucher

Deutscher Name Botanischer Name	Blütezeit (Monate) Blütenfarbe	Wuchshöhe Bemerkungen	Herkunft	F	R
Gewöhnliches Frühlings-Fingerkaut *Potentilla neumannia / tabernaemontani*	3 – 5 gelb	5 – 15 cm	heimisch	0	2
Zypressen-Wolfsmilch *Euphorbia cyparissias*	4 – 6 gelblich grün, später rötlich	15 – 40 cm	heimisch	1	2
Gewöhnlicher Löwenzahn *Taraxacum officinale* agg.	4 – 7 gelb	5 – 40 cm	heimisch	1*	3
Garten-Levkoje *Matthiola incana*	4 – 10 verschieden	30 – 80 cm	West-europa, kultiviert	2	0
Bunte Schwertlilie *Iris variegata*	5 – 6 gelblich weiß, goldgelb	20 – 40 cm	Südost-europa	0	2
Wiesen-Sauerampfer, Großer Sauerampfer *Rumex acetosa*	5 – 6 rötlich grün	30 – 60 cm	heimisch	0	3
Zittergras-Segge *Carex brizoides*	5 – 6 Gras	30 – 60 cm neigt zu Dominanz	heimisch	0	2
Blaugrünes Labkraut *Galium glaucum*	5 – 7 weiß	30 – 60 cm	heimisch	0	2
Futter-Esparsette *Onobrychis viciifolia*	5 – 7 rosa	30 – 60 cm	heimisch	1	3
Kleiner Klappertopf *Rhinanthus minor*	5 – 8 hellgelb	15 – 30 cm	heimisch	1	1
Mücken-Händelwurz *Gymnadenia conopsea*	5 – 8 hellpurpur	30 – 60 cm	heimisch	2	1
Wiesen-Storchenschnabel *Geranium pratense*	5 – 8 blau bis hell blaulila	30 – 60 cm	heimisch	0	2
Zaun-Wicke *Vicia sepium*	5 – 8 trüblila	20 – 60 cm	heimisch	1	1
Artengruppe Wiesen-Labkraut *Galium mollugo* agg.	5 – 9 weiß	25 – 80 cm	heimisch	1	3

Nachtkerzen öffnen ihre blumig duftenden Blüten in der Dämmerung. Wie magisch ziehen sie Nachtfalter an – optimal für den fledermausfreundlichen Garten.

Deutscher Name Botanischer Name	Blütezeit (Monate) Blütenfarbe	Wuchshöhe Bemerkungen	Herkunft	F	R
Roter Fingerhut *Digitalis purpurea*	6 – 7 purpur, innen dunkelrot gefleckt	bis 150 cm	heimisch	0	2
Gewöhnliche Fieder-Zwenke *Brachypodium pinnatum*	6 – 8 Gras	30 – 60 cm	heimisch	0	2
Gewöhnliche Vogel-Wicke *Vicia cracca*	6 – 8 blauviolett bis purpur	20 – 130 cm	heimisch	1	1
Großes Springkraut *Impatiens noli-tangere*	6 – 8 gelb	30 – 70 cm für Halbschatten	heimisch	0	2
Wald-Labkraut *Galium sylvaticum*	6 – 8 weiß	30 – 100 cm für Halbschatten	heimisch	0	2
Weißer Steinklee *Melilotus albus*	6 – 8 weiß	30 – 120 cm	heimisch	2	1
Gelbes Labkraut *Galium verum*	6 – 9 zitronengelb bis goldgelb	20 – 70 cm	heimisch	1	3
Gewöhnliches Leinkraut *Linaria vulgaris*	6 – 9 hellgelb, Gaumen orange	20 – 40 cm	heimisch	0	2

Deutscher Name Botanischer Name	Blütezeit (Monate) Blütenfarbe	Wuchshöhe Bemerkungen	Herkunft	F	R
Große Brenn-Nessel *Urtica dioica*	6 – 9 grün	60 – 120 cm	heimisch	0	5
Rot-Klee *Trifolium pratense*	6 – 9 hellkarminrot bis fleischrot	10 – 40 cm	heimisch	1	1
Wilde Möhre *Daucus carota*	6 – 9 weiß, gelblich	bis 60 cm	heimisch	2**	1
Kleine Purpur-Witwenblume *Knautia macedonica* 'Mars Midget'	6 – 10 rubinrot	40 cm	Südost-europa	3	1
Blumen-Dost, Türkischer Dost, Heidegünsel *Origanum laevigatum* 'Herrenhausen'	7 – 9 purpurrosa	bis 60 cm	Südost-europa	3	3
Gewöhnliche Wegwarte *Cichorium intybus*	7 – 9 hellblau	30 – 120 cm	heimisch	0	2
Koreanische Minze, Duftnessel, Bergminze *Agastache rugosa* 'Blue Fortune'	7 – 9 blauviolett	bis 90 cm	Asien	1	1

Heckenpflanzen

Deutscher Name Botanischer Name	Blütezeit (Monate) Blütenfarbe	Wuchshöhe Bemerkungen	Herkunft	F	R
Gewöhnliche Haselnuss *Corylus avellana*	2 – 3 grün, grünlich gelb	2 – 6 m	heimisch	0	5
Sanddorn *Hippophae rhamnoides*	3 – 5 bronzebräunlich	1 – 3 m	(heimisch)	0	3
Bibernell-Rose *Rosa pimpinellifolia*	5 – 6 weiß, selten rosa	20 – 100 cm Stacheln! nicht am Fledermausquartier	heimisch	1	3
Gewöhnliches Pfaffenhütchen *Euonymus europaea*	5 – 6 hellgrün	1 – 3 m	heimisch	0	3
Purgier-Kreuzdorn *Rhamnus cathartica*	5 – 6 gelblich grün	1 – 3 m	heimisch	1	3

Deutscher Name Botanischer Name	Blütezeit (Monate) Blütenfarbe	Wuchshöhe Bemerkungen	Herkunft	F	R
Apfel-Rose *Rosa villosa*	6 – 7 karminrot, rosa	150 – 200 cm Stacheln! nicht am Fledermausquartier	heimisch	1	3
Blaugrüne Rose, Vogesen-Rose *Rosa dumalis*	6 – 7 hellrosa bis dunkelrosa	bis 200 cm Stacheln! nicht am Fledermausquartier	heimisch	1	3

Bäume

Deutscher Name Botanischer Name	Blütezeit (Monate) Blütenfarbe	Wuchshöhe Bemerkungen	Herkunft	F	R
Grau-Weide *Salix cinerea*	3 – 4 goldgelb, grün	1,5 – 4 m	heimisch	2	4
Korb-Weide *Salix viminalis*	3 – 4 goldgelb, grün	3 – 5 m	heimisch	0	4
Purpur-Weide *Salix purpurea*	3 – 4 purpur, grün	0,5 – 5 m	heimisch	0	4
Schwarz-Erle *Alnus glutinosa*	3 – 4 bräunlich	10 – 25 m	heimisch	0	5
Zitter-Pappel *Populus tremula*	3 – 4 purpurgrau, rötlich	15 – 25 m	heimisch	2	5
Gewöhnliche Esche *Fraxinus excelsior*	4 – 5 braun	15 – 40 m	heimisch	0	5
Gewöhnlicher Flieder *Syringa vularis*	4 – 5 hellviolett bis dunkelviolett, weiß	2 – 10 m	Südost- europa / kultiviert	2	3
Hänge-Birke *Betula pendula*	4 – 5 hell bräunlich grün	10 – 20 m	heimisch	0	5
Hainbuche *Carpinus betulus*	4 – 5 grün, braungelb	5 – 25 m	heimisch	1	5
Ohr-Weide *Salix aurita*	4 – 5 goldgelb, grün	0,5 – 3 m	heimisch	0	5
Rot-Buche *Fagus sylvatica*	4 – 5 rötlich braun	10 – 45 m	heimisch	0	5
Silber-Weide *Salix alba*	4 – 5 gelb, gelbgrün	6 – 30 m	heimisch	2	5
Spitz-Ahorn *Acer platanoides*	4 – 5 grüngelblich	10 – 20 m	heimisch	0	3

Deutscher Name Botanischer Name	Blütezeit (Monate) Blütenfarbe	Wuchshöhe Bemerkungen	Herkunft	F	R
Stiel-Eiche *Quercus robur*	4 – 5 gelblich grün, gelb	20 – 50 m Aufwuchs (Flechten), Höhlenbildner	heimisch	0	5
Trauben-Eiche *Quercus petraea*	4 – 5 gelblich grün, grün	15 – 40 m Aufwuchs (Flechten), Höhlenbildner	heimisch	0	4
Europäische Lärche *Larix decidua*	4 – 6 Nacktsamer, Bestäubung durch den Wind	bis 40 m	(heimisch)	1***	2
Fichte *Picea abies*	4 – 6 Nacktsamer, Bestäubung durch den Wind	bis 50 m	heimisch	1***	4
Berg-Ahorn *Acer pseudoplatanus*	5 – 6 grüngelblich	15 – 30 m	heimisch	0	5
Eberesche *Sorbus aucuparia*	5 – 6 weiß	5 – 15 m	heimisch	1	4
Feld-Ahorn *Acer campestre*	5 – 6 grüngelblich	3 – 15 m	heimisch / kultiviert	0	4
Wald-Kiefer *Pinus sylvestris*	5 – 6 Nacktsamer, Bestäubung durch den Wind	bis 40 m	heimisch	1***	3
Weiß-Tanne *Abies alba*	5 – 6 Nacktsamer, Bestäubung durch den Wind	bis 50 m	heimisch	1***	3
Sommer-Linde *Tilia platyphyllos*	6 blassgelb	bis 30 m	heimisch	1	4
Winter-Linde *Tilia cordata*	6 – 7 blassgelb	bis 25 m	heimisch	2	4

F = Nahrung für Nachtfalter, **R** = Nahrung für Raupen von Nachtfaltern, weitere Hinweise auf den Seiten 80 und 81.

*zahlreiche Blütenkäfer

**interessant für Käfer und Wanzen

***Blattlaus-Ausscheidungen, interessant für Insekten

Mut zur Kreativität

Vieles wurde in den bisherigen Kapiteln beschrieben und empfohlen. Die Empfehlungen sind vielfältig und vielleicht nicht immer eindeutig, doch die unterschiedlichen Vorlieben der Fledermäuse verlangen unterschiedliche Strukturen. Freilich: In der Natur werden die Lebensraumansprüche verschiedener Arten oft auf verblüffend kleinem Raum nebeneinander realisiert und so ist es auch bei jenen der Fledermäuse.

Die Vielfalt der Gestaltungsmöglichkeiten zu Gunsten der Fledermäuse zeigt aber auch deutlich, dass nur wenig oder keine Kompromisse mit den eigenen gestalterischen Ideen erforderlich sind, um einen Garten zum fledermausfreundlichen Garten werden zu lassen.

Noch detailliertere Vorschläge für jede Gartennutzung und Flächengröße zu machen, würde den Rahmen dieses Buches sprengen. Doch dies ist auch nicht nötig. Der Leser möge seine Fantasie mit den Hinweisen aus diesem Buch verbinden und es kann kaum anders werden als ein Garten, der Mensch und Fledermäusen gefällt.

Lexikalischer Teil

Die Fledermausarten Deutschlands, Österreichs und der Schweiz

Für die folgende Übersicht über die Fledermausarten wurde der »deutschsprachige Raum Mitteleuropas« zugrunde gelegt. Dies umfasst die Länder Deutschland, Österreich und Schweiz, wo derzeit insgesamt 31 wild lebende Fledermausarten nachgewiesen sind (Stand 2011): In Deutschland sind es 26, in Österreich 25 und in der Schweiz 30 Arten. Nicht alle 31 Arten leben in allen drei Ländern.

Zu den einzelnen Arten gibt es in der Übersicht Angaben unter drei Rubriken:

- **Vorkommen:** Länder mit Vorkommen der jeweiligen Art sind mit dem Anfangsbuchstaben vermerkt: D = Deutschland, Ö = Österreich, S = Schweiz. Bedarfsweise erfolgen regionale Einschränkungen oder Hinweise zum Status. Zum Zeitpunkt der Darstellung unsichere Angaben sind mit einem Fragezeichen gekennzeichnet.
- **Quartiere:** S = Sommerquartiere (in der Regel der Standort der Wochenstuben), W = Winterquartiere. Aus diesen Angaben lässt sich ablesen, inwieweit Quartierangebote in Gärten oder Häusern möglich sind.
- **Jagdlebensraum** (Besonderheiten der Jagdweise): Aus diesen Angaben ist zu ersehen, welche Gebiete von den Tieren zur Jagd aufgesucht werden. In Klammern angefügt sind Besonderheiten zur Jagdweise. Aus den Angaben dieser Rubrik kann abgeleitet werden, wie und an welchen Strukturen die jeweilige Fledermausart in Gärten zu erwarten ist.

Neben eigenen Erfahrungen wurden vor allem die Angaben in Dietz, Helversen & Nill (2007) in die Übersicht eingearbeitet (siehe auch

Seite 147). Die Beschreibung von Quartieren, Lebensräumen und Jagdweisen bezieht sich auf die Vorkommen in Deutschland, Österreich und der Schweiz. In anderen Bereichen des Verbreitungsgebietes der jeweiligen Art können die Tiere andere Verhaltensweisen zeigen.

Die Fledermausarten Deutschlands, Österreichs und der Schweiz

Deutscher Name Zoologischer Name (Autor)	Vorkommen	Quartiere	Jagdlebensraum (Besonderheiten der Jagd)
Hufeisennasenfledermäuse			
Kleine Hufeisennase *Rhinolophus hipposideros* (Bechstein 1800)	D (Süd & Ost), Ö, S	S: Dachböden, Heizungsräume, warme Höhlen; W: Keller Stollen, Höhlen	Wälder, baumreiche naturnahe Gärten (scheucht sitzende Beute zum Fang gezielt auf)
Große Hufeisennase *Rhinolophus ferrumequinuum* (Schreber 1774)	D (Süd, außerdem Einzeltiere Westrand), Ö (Süd & Ost), S (nur milde Lagen)	S: Dachböden und andere warme Quartiere; W: Höhlen, seltener Stollen	sehr strukturreiche Landschaften, Mosaike verschiedenartiger Lebensräume (Ansitzjäger)
Mittelmeer-Hufeisennase *Rhinolophus euryale* (Blasius 1853)	S (West)	S: warme Höhlen, Bunker, Dachböden; W: Höhlen, selten Stollen	Wald, waldähnliche Strukturen (Flug in dichter Vegetation, manchmal Ansitzjagd)
Glattnasenfledermäuse			
Wasserfledermaus *Myotis daubentonii* (Kuhl 1817)	D, Ö, S	S: Baumhöhlen, Spalten an Brücken, auch in unterirdischen Kanälen; W: Höhlen, Stollen, Keller, Bunker	über ruhigen Wasserflächen, manchmal auch über Land in Gehölznähe (sammelt Beutetiere von der Wasseroberfläche ab)
Teichfledermaus *Myotis dasycneme* (Boie 1825)	D (Nord)	S: Gebäudespalten, Einzeltiere auch in Baumhöhlen oder Kästen; W: Höhlen, Stollen, Bunker, Keller	größere Stillgewässer und Flüsse, seltener über Schilf, Feuchtwiesen oder Gehölzrändern (liest auch Insekten von der Wasseroberfläche ab)
Langfußfledermaus *Myotis capaccinii* (Bonaparte 1837)	S (Süd), Ö?	S: (Karst-)Höhlen, Stollen, Einzeltiere auch in Gebäudespalten, Felsspalten; W: (Karst-)Höhlen, Stollen	Stillgewässer, Stillwasserbereiche (erbeutet auch Luft holende Wasserinsekten und kleine Fische)

Deutscher Name Zoologischer Name (Autor)	Vorkommen	Quartiere	Jagdlebensraum (Besonderheiten der Jagd)
Große Bartfledermaus, Brandtfledermaus *Myotis brandtii* (Eversmann 1845)	D, Ö, S	S: Baumhöhlen, Baumspalten, Holzverschalungen; W: Höhlen, Stollen	Wälder, vorzugsweise feuchtegeprägt, Gewässer (erbeutet auch Raupen und Spinnen)
Kleine Bartfledermaus *Myotis mystacinus* (Kuhl 1817)	D, Ö, S	S: Spalten an Gebäuden, hinter loser Rinde; W: Höhlen, Stollen, Keller	gehölzreiche Gebiete wie Streuobstwiesen, Gärten, Wälder, Gewässer(-Ufer) (erbeutet auch Raupen und Spinnen)
Nymphenfledermaus *Myotis alcathoe* (Helversen & Heller 2001)	D (wohl ohne NW), Ö (Ost), S (West?) Verbreitung ungenügend bekannt	S: enge Baumhöhlen, Rindenspalten; W: Höhlen, Stollen	Bachauen und Flussauen mit Altbaumbeständen
Fransenfledermaus *Myotis nattereri* (Kuhl 1817)	D, Ö, S	S: Baumhöhlen, Winkel in Dachböden, Mauerhöhlen; W: Höhlen, Stollen, Keller	gehölzreiche Gebiete, angrenzende Wiesen (liest Beute aus der Vegetation, landet zum Beutefang auch am Boden, liest Spinnen aus ihren Netzen)
Wimpernfledermaus *Myotis emarginatus* (Geoffroy 1806)	D (warme Gebiete in Süd & West), Ö, S	S: Dachböden, oft an relativ hellen Plätzen, Einzeltiere auch in Baumhöhlen, Felsspalten; W: Höhlen, Stollen	Laubwälder, Obstwiesen, Parks, gehölzreiche Gärten, Tierställe (liest Insekten und Spinnen von Blättern und Stalldecke)
Bechsteinfledermaus *Myotis bechsteinii* (Kuhl 1817)	D, Ö, S	S: Baumhöhlen, selten Gebälkspalten von Dachböden; W: Baumhöhlen, Höhlen, Stollen	Wald, gehölzreiche Parks, auch in Streuobstwiesen und Gärten (liest Insekten von Laub oder Staudenrändern ab)
Großes Mausohr *Myotis myotis* (Borkhausen 1797)	D, Ö, S	S: Dachböden, große Hohlräume in Brücken, Einzeltiere auch in Baumhöhlen, Kellern; W: Stollen, Höhlen, Keller, Bunker, Felsspalten	Wald mit geringem Bodenbewuchs, frisch geerntete Wiesen und Äcker, Gartenrasen (erbeutet größere Insekten am Boden)
Kleines Mausohr *Myotis oxygnathus* (Monticelli 1885)	Ö, S	S: Dachböden, Einzeltiere in Höhlen, Bunkern, Mauerspalten; W: Höhlen, Stollen, Keller	ungemähte Wiesen und Waldränder, halb offene Landschaft, Steppengebiete (fängt an liegendem Gras oder am Boden gemähter Wiesen sitzende Beute)

Deutscher Name Zoologischer Name (Autor)	Vorkommen	Quartiere	Jagdlebensraum (Besonderheiten der Jagd)
Großer Abendsegler *Nyctalus noctula* (Schreber 1774)	D, Ö, S	S: Baumhöhlen, gelegentlich Spalten an Gebäuden, Felsspalten; W: Baumhöhlen, Spalten an Gebäuden und Brücken, Felsspalten	nahezu überall, bevorzugt Auwälder und Gewässer (erbeutet eher kleine Insekten, reagiert aber stark auf Massenflüge, zum Beispiel des Maikäfers, jagt meist im freien Luftraum mit Distanz zur Vegetation)
Riesenabendsegler *Nyctalus lasiopterus* (Schreber 1780)	D, S (jeweils Einzelfunde)	S: Baumhöhlen, Einzeltiere auch in Dachräumen oder Felsspalten; W: Baumhöhlen, Felsspalten	nahezu überall, leichte Präferenz für Bereiche mit Altbaumbeständen (jagt im freien Luftraum, erbeutet zur Zugzeit wohl auch Vögel)
Kleinabendsegler *Nyctalus leisleri* (Kuhl 1817)	D, Ö, S	S: Baumhöhlen (bevorzugt Faulhöhlen oder Ausbruchhöhlen), selten an Gebäuden; W: Baumhöhlen, Gebäude	Wälder, baumreiche Bereiche wie Alleen, Streuobstwiesen, Parks, altbaumreiche Gärten (jagt bevorzugt in geradem Flug entlang waldrandähnlicher Strukturen)
Zwergfledermaus *Pipistrellus pipistrellus* (Schreber 1774)	D, Ö, S	S: Spalträume an Gebäuden, Einzeltiere auch in Spalten an Bäumen und Felsen; W: Spalten an Bauwerken, in Kellern und Höhlen	mit Gehölzen bestandene Bereiche unterschiedlichen Charakters, Gewässer (neben dem linearen Flug entlang von Gehölzstrukturen auch kleinräumig im Windschatten eines Baumes oder um Lampen kleine Insekten jagend)
Mückenfledermaus *Pipistrellus pygmaeus* (Leach 1825)	D, Ö, S	S: Spalträume an Gebäuden, oft auch einfache Bauwerke wie Jagdkanzeln, aber auch in Bäumen; W: Funde bislang spärlich, in Gebäuden, Baumquartieren	Auwälder, Feuchtwälder, Gewässer sowie parkartige Strukturen in deren Nähe (jagt bevorzugt in kleinen Freiräumen zwischen Bäumen oder unter überhängenden Ästen, Hauptbeutetiere sind Mücken)
Rauhautfledermaus *Pipistrellus nathusii* (Keyserling & Blasius 1839)	D, Ö, S	S: vorzugsweise Baumhöhlen, auch Holzverkleidung an Gebäuden; W: Baumhöhlen, Holzstapel, seltener in Felsspalten oder Rollladenkästen	Wälder und Waldränder, im Frühjahr und Spätsommer / Herbst auch in Siedlungen (vorzugsweise in linearem Flug entlang von Alleen, Waldwegen und Ähnlichem kleine Insekten jagend)

Deutscher Name Zoologischer Name (Autor)	Vorkommen	Quartiere	Jagdlebensraum (Besonderheiten der Jagd)
Weißrandfledermaus *Pipistrellus kuhlii* (Kuhl 1817)	D (Süd), Ö, S	S: Felsspalten, Mauerspalten; W: Fassadenhohlräume, Felsspalten	Siedlungsräume, insbesondere Gärten, Parks, Gewässer (erbeutet Kleininsekten im Flug, kleinräumige Jagd und lineare Flüge scheinen gleichrangig beliebt)
Alpenfledermaus *Hypsugo savii* (Bonaparte 1837)	D (Süd, derzeit nur Einzeltiere), Ö, S	S: Felsspalten, seltener Mauerspalten; W: Felsspalten, dann wohl stärker an Höhleneingängen	in Mitteleuropa Gebirgsfledermaus: Almen, Wiesen, Siedlungen (meist hoch fliegend über Bäumen, entlang von Felswänden, freier Luftraum)
Zweifarbfledermaus *Vespertilio murinus* (Linnaeus 1758)	D, Ö, S	S: Mauerspalten, Rollladenkästen, Felsspalten; W: Spalten an höheren Gebäuden und Felswänden	über Gewässern, Äckern, Wiesen und Siedlungen (meist in geradlinigem Flug in 10 bis 40 Meter Höhe)
Breitflügelfledermaus *Eptesicus serotinus* (Schreber 1774)	D, Ö, S	S: Spalträume in Dachböden, größere Spalten an Fassaden; W: Mauerwerk, Zwischendecken, spaltenreiche Höhlen und Keller (Geröllhaufen)	vorzugsweise in Bereichen mit aufgelockertem Gehölzwuchs, im Herbst häufiger auch über großen Ackerflächen und Wiesenflächen (flexibel in der Jagdweise, meist linearer Flug in 3 bis10 Meter Höhe)
Nordfledermaus *Eptesicus nilsonii* (Keyserling & Blasius 1839)	D (ohne Küstengebiete), Ö, S	S: Spalträume an Gebäuden, seltener in Bäumen; W: kühle Bunker, Stollen, Höhlen, Blockhalden	Wälder mit Gewässern und angrenzende Bereiche wie Waldränder, Streuobstwiesen, Siedlungen (Jagd meist in wendigem Flug, kann große und hell gefärbte Beute optisch erkennen)
Mopsfledermaus *Barbastella barbastellus* (Schreber 1774)	D, Ö, S	S: Rindenspalten, Stammspalten, an Gebäuden hinter Fensterläden und Holzverkleidungen; W: hinter Baumrinde, in kühlen Bereichen von Höhlen, Kellern, Stollen	Wälder, waldnahe Gärten und Heckengebiete (jagt meist dicht entlang von Baumkanten oder oberhalb des Kronendaches schnell und wendig fliegend; Beute meist weichhäutige Insekten wie Mücken und Kleinschmetterlinge)

Deutscher Name Zoologischer Name (Autor)	Vorkommen	Quartiere	Jagdlebensraum (Besonderheiten der Jagd)
Braunes Langohr *Plecotus auritus* (Linnaeus 1758)	D, Ö, S	S: Baumhöhlen, Baumspalten, in Gebäuden in Winkeln, Spalten und kleineren Hohlräumen; W: Stollen, Höhlen, Baumhöhlen	Wälder, Parks, Gärten, Streuobstwiesen, Wandbegrünungen (liest Insekten aus der Vegetation ab, ruhig sitzende Beute wird noch bei 4 Lux Lichtstärke entdeckt)
Alpen-Langohr *Plecotus macrobullaris* (Kuzjakin 1965)	D? (äußerster Süden?), Ö, S	S: Dachböden; W: Einzelnachweise in Höhlen	Bergwälder und Wiesen über 800 m Höhe ü. NN, Genaueres ist bei dieser erst seit 2002 anerkannten Art noch unbekannt
Graues Langohr *Plecotus austriacus* (Fischer 1829)	D (ohne Küstengebiete), Ö, S	S: Dachböden, seltener in Mauern; W: Felsspalten, Höhlen, Stollen, Keller; oft auch im Sommerquartier	Streuobstwiesen, lichte Wälder, Gärten, Parks, Heckenlandschaften der Niederungen (erbeutet dicht an der Vegetation fliegende Insekten)
Langflügelfledermäuse			
Langflügelfledermaus *Miniopterus schreibersii* (Kuhl 1817)	D (derzeit nur Irrgäste), Ö (Südosten), S (Westen)	S: (geräumige) Höhlen, höhlenartige Gebäude, Dachböden, Spalten; W: Höhlen	laubwaldreiche Gebiete, aber auch Parks, Streuobstwiesen, (Baum-) Hecken-Landschaften (in wendigem, schnellem Flug dicht an oder in lichter Gehölzvegetation jagend)
Bulldoggfledermäuse			
Europäische Bulldoggfledermaus *Tadarina teniotis* (Rafinesque 1814))	Ö? (äußerster Westen?), S (Süden)	S: Felsspalten, Spalten an hohen Gebäuden; W: Felsspalten, Spalten an hohen Gebäuden (Schlafphasen von 4 bis 8 Tagen wechseln mit kurzen Aktivitätsphasen)	meist über Wald, aber auch Streuobstwiesen, Siedlungsgebiete (sehr schneller Flug – bis 65 km/h – im freien Luftraum, manchmal Umkurven von Straßenlaternen)

Baupläne für Fledermausquartiere

Bauanleitung für einen Fledermauskasten

Baumaterial

❶ Rückwand: 1 Brett – 40 cm × 25 cm, obere Breitseite angeschrägt
❷ Vorderwand: 1 Brett – 25 cm × 28 cm, obere Breitseite angeschrägt
❸ Seitenwände: 2 Bretter – hintere Seitenlänge 28 cm; vordere Seitenlänge 27,5 cm; untere Breite 5 cm; obere Breite 2 cm, dabei Winkel von 75° zwischen hinterer Seitenlänge und oberer Breite
❹ Dach: 1 Brett – 32 cm × 11 cm
❺ Einflugleiste: 1 Brett – 21 cm × 2,5 cm, eine Längsseite angeschrägt
❻ Befestigungsleiste: 1 Brett – 55 cm × 4 cm, zum Beispiel eine Dachlatte

Hinweise zum Holz

Bretter aus vollkommen trockenem, gut abgelagertem, möglichst dauerhaftem Holz (Lärche, Kiefer, Eiche), möglichst astfrei, unbehandelt, 2 cm stark. Die Bretter müssen auf den Innenseiten sehr rau sein, nicht lackiert und nicht gehobelt.

Hinweise zum Bau

- Der Einflugspalt sollte mindestens 2 cm breit sein, damit die Fledermäuse hindurchpassen, höchstens jedoch 2,5 cm messen, damit keine Vögel hineinkommen. Wichtig ist außerdem, dass sich der Innenraum nach oben auf eine Breite von etwa 2 cm verjüngt. Alle anderen Maße – wie Breite und Höhe des Kastens oder Abmessungen des Daches – können abgewandelt werden.
- Die Holzbretter in den angegebenen Maßen zurechtsägen. Die obere Breitseite der Rückwand und die obere Breitseite der Vorderwand entsprechend der Dachneigung anschrägen im Winkel von etwa 15° (siehe Bauplan). Eine Längsseite der Einflugleiste anschrägen im Winkel von etwa 20° (siehe Bauplan). Die Schnittkanten der einzelnen Bauteile mit Sandpapier glätten.
- Die Bretter auf den Innenseiten – insbesondere die Innenseite der Rückwand und ihre Verlängerung nach unten (Anflugbereich) –

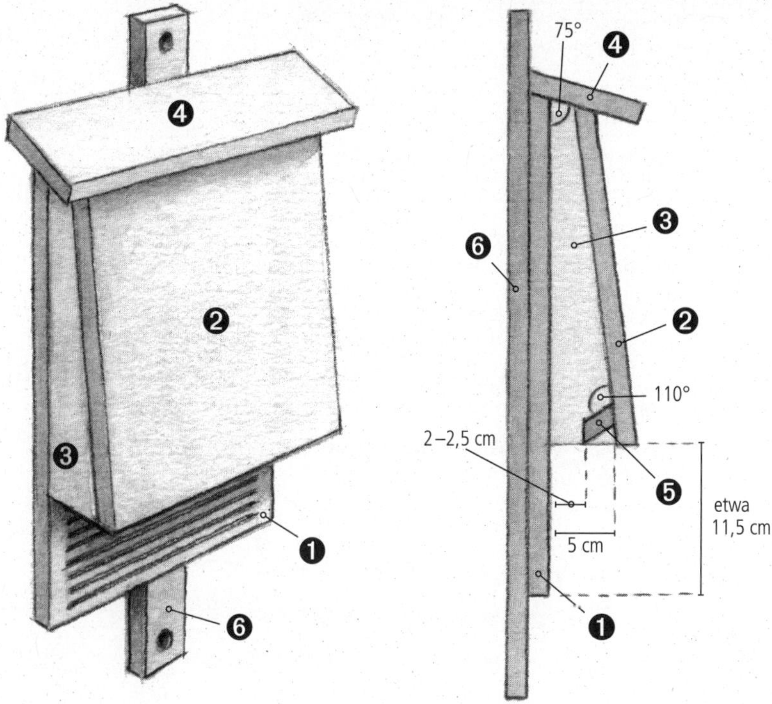

Bauplan für einen Fledermauskasten, Anbringung bevorzugt an Bäumen

zusätzlich aufrauen, zum Beispiel mit einem spitzen Werkzeug (Stemmeisen, Schraubenzieher) Querrillen im Abstand von 2 cm in das Holz kratzen oder fräsen.

- ▹ Um Luftzug zu verhindern, alle Bretter sorgfältig verarbeiten, gut verschrauben und alle Fugen sorgfältig mit Holzleim ausfüllen.
- ▹ Die Bauteile mit Hilfe von Holzschrauben oder Nägeln aneinandersetzen. Schraubenspitzen oder Nagel dürfen keinesfalls in den Innenraum ragen. Dabei zunächst die Einflugleiste an der Innenseite der Vorderwand befestigen. Dann die Seitenwände an der Rückwand und die Vorderwand an den Seitenwänden befestigen. Das Dach aufsetzen und genau einpassen, damit Regenwasser gut ablaufen kann. Die Befestigungsleiste an die Rückwand schrauben.

- Das Dach eventuell mit Dachpappe abdecken. Die Dachpappe mit kurzen Nägeln annageln. Besser jedoch den Kasten nicht vollständig mit Dachpappe einkleiden. Bei Hitze kann Bitumen Krallen und Fell verkeben.
- Hinweise zum Aufhängen und zur Wartung finden Sie auf Seite 50. Beim Befestigen an einem Baum darauf achten, den Baum möglichst wenig zu verletzen. Einzelne Nägel sind besser als Draht, weil letzterer den Baum beim Dickenwachstum einschnürt. Nicht entmutigen lassen, wenn das neue Heim nicht sofort bezogen wird. Manchmal beobachten die Fledermäuse das Quartier zwei bis drei Jahre lang – und plötzlich sind sie da. Günstigenfalls hängt man mehrere Fledermauskästen nicht zu weit voneinander auf, was den vielfach gesellig lebenden Fledermäusen entgegenkommt.

Bauanleitung für ein Fledermausbrett

Baumaterial

❶ Rückwand: 100 cm × 61,5 cm, obere Breitseite angeschrägt
❷ Vorderwand: 100 cm × 49,5 cm, obere Breitseite angeschrägt
❸ Seitenwände: 2 Bretter – hintere Seitenlänge 49,5 cm; vordere Seitenlänge 49 cm; untere Breite 2,5 cm; obere Breite 2 cm, dabei Winkel von 75° zwischen hinterer Seitenlänge und oberer Breite
❹ Dach: 100 cm × 11 cm

Hinweise zum Holz

siehe Bauanleitung für einen Fledermauskasten, Seite 140. Vorderwand und Rückwand setzt man je nach gewünschter Breite und Höhe des Fledermausbrettes am einfachsten aus einzelnen Brettern mit Nut- und Federfräsung zusammen. Astreiche Bretter dabei eher für die Rückwand verwenden. Astreste, die sich mit der Zeit lockern und Zugluft bedingen, fallen dort – an der Gebäudewand anliegend – weniger schnell aus den Brettern als bei der Vorderwand.

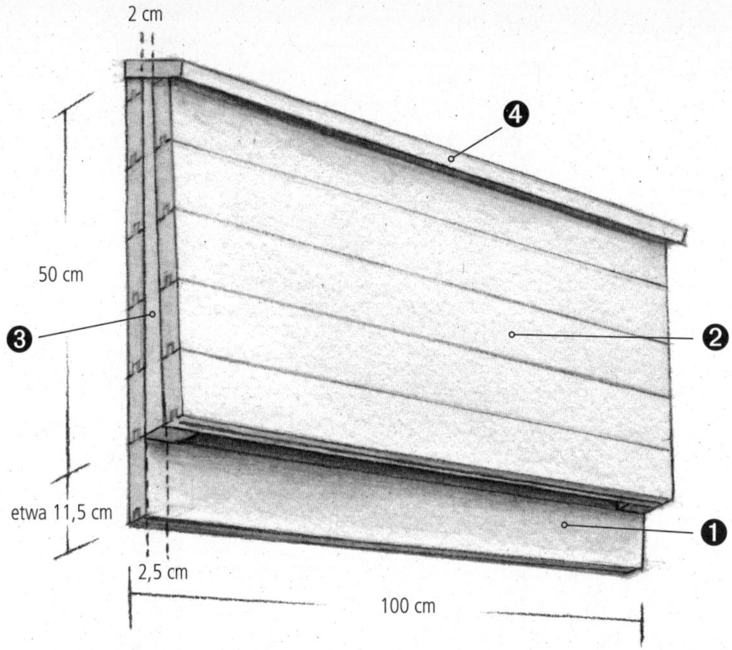

Bauplan für ein Fledermausbrett, Anbringung an Gebäuden und Bauwerken

Hinweise zum Bau

- Der Einflugspalt sollte mindestens 2 cm breit sein, damit die Fledermäuse hindurchpassen, höchstens jedoch 2,5 cm, damit keine Vögel hineinkommen. Wichtig ist außerdem, dass sich der Innenraum nach oben auf eine Breite von etwa 2 cm verjüngt. Alle anderen Maße können abgewandelt werden.
- Die Holzbretter in den angegebenen Maßen zurechtsägen und zusammensetzen. Die obere Breitseite der Rückwand und die obere Breitseite der Vorderwand entsprechend der Dachneigung anschrägen im Winkel von etwa 15°. Die Schnittkanten der einzelnen Bauteile mit Sandpapier glätten.
- Die Bretter auf den Innenseiten – insbesondere die Innenseite der Rückwand und ihre Verlängerung nach unten (Anflugbereich) – zusätzlich aufrauen, zum Beispiel mit einem spitzen Werkzeug (Stemmeisen, Schraubenzieher) Querrillen im Abstand von 2 cm in das Holz kratzen oder fräsen.

- Um Luftzug zu verhindern, alle Bretter sorgfältig verarbeiten, gut verschrauben und alle Fugen sorgfältig mit Holzleim ausfüllen.
- Die Bauteile mit Hilfe von Holzschrauben oder Nägeln aneinandersetzen. Schraubenspitzen oder Nagel dürfen keinesfalls in den Innenraum ragen. Dabei zunächst die Seitenwände an der Rückwand, dann die Vorderwand an den Seitenwänden befestigen. Das Dach aufsetzen und genau einpassen, damit Regenwasser gut ablaufen kann.
- Das Fledermausbrett kann an der Gebäudewand mit Holzleisten, die man an die Rückwand des Kastens schraubt, befestigt werden. Ohne Befestigungsleisten wird der Kasten mit Hilfe von kurzen Schrauben durch die unteren Ecken und langen Schrauben durch die oberen Ecken (vorbohren) an die Wand geschraubt. Wird der Kasten an einer Holzwand befestigt, sind keine Dübel nötig.
- Das Fledermausbrett wird üblicherweise an einer Gebäudewand in 3 bis 5 m Höhe befestigt. Die Fledermäuse sollten den Kasten leicht finden und gut anfliegen können, das heißt freier Anflug im Umkreis von etwa 1 m vor und unter dem Kasten. Er sollte nicht in einer Gebäudenische, hinter Bäumen oder an der Basis einer Böschung hängen. Ein Platz unter einem Dachvorsprung verringert den Witterungseinfluss und verlängert die Haltbarkeit des Kastens. Zwischenräume zwischen Gebäudewand und Kasten bieten zusätzlich Unterschlupf. Weitere Hinweise zum Aufhängen und zur Wartung finden Sie auf Seite 50. Auch in diesem Fall bietet man günstigenfalls mehrere Fledermausbretter in unmittelbarer Nähe zueinander an und platziert sie so, dass sie unterschiedlich besonnt und beschattet und somit unterschiedlich temperiert sind.
- Bei Anpassung der Kastenbreite an die Sparrenbreite lässt sich der Kasten auch gut an gedämmten Fassaden anbringen: Zwei an den Dachsparrenseiten senkrecht nach unten angeschraubte Leisten bilden die Befestigung des Kastens an den Kastenseiten.

Der Autor

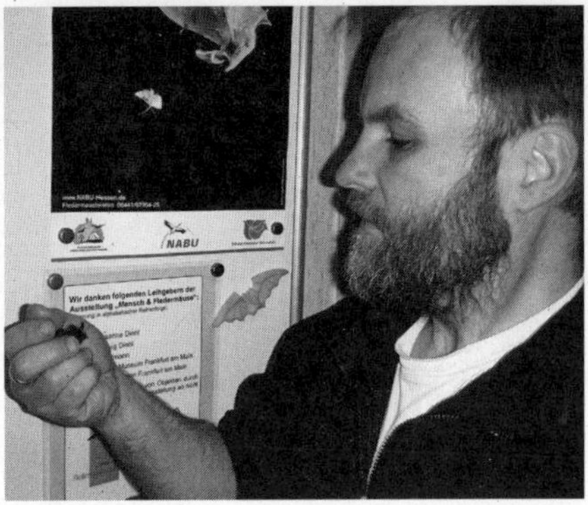

Dirk A. Diehl wuchs in Langstadt, einem kleinen Dorf am Nordrand des Odenwaldes, auf. Seine Kindheit war geprägt vom Engagement seiner Eltern im Naturschutz und so kam er bei Brutplatzkontrollen der Schleiereule in Kirchen schon früh mit Fledermäusen in Berührung – meist allerdings nur mit den Spuren einer früheren Besiedlung. Die traurigen Befunde motivierten ihn zu seinem Engagement für die Fledermäuse. Sein Ziel: Eine lebenswerte Umwelt für Fledermäuse und Menschen. Auch wenn die Gründe für die Beschäftigung mit den Fledermäusen zunächst sachlicher Natur waren, Diehl warnt heute selbst vor dem Suchtpotential der niedlichen Nachtflatterer, deren Interessen er beruflich als Diplom-Biologe, ehrenamtlich als Vorsitzender des Fledermausschutz Südhessen e. V. vertritt.

Anhang

Literatur

Die folgende Zusammenstellung ist eine Auswahl empfehlenswerter Literatur über Fledermäuse aus Sicht des Autors und somit eine subjektive Auswahl. Die für das Buch verwendete Literatur ist durch Unterstreichung des Autors gekennzeichnet.

Allgemeines und Übersichten

Schober, Wilfried & Eckhard Grimmberger: **Die Fledermäuse Europas.** Kennen, bestimmen, schützen. Kosmos Verlag.

Die erste Wahl für alle, die Fledermäuse bestimmen wollen. Daneben liefert das Buch einen kurzen Überblick über Kulturgeschichte, Lebensweise und Schutz der Fledermäuse.

Gebhard, Jürgen: **Fledermäuse.** Birkhäuser Verlag.

Anschauliche und umfassende Beschreibung der Lebensweise heimischer Fledermäuse, in die der reiche Erfahrungsschatz Gebhards eingeflossen ist.

Richarz, Klaus & Alfred Limbrunner: **Fledermäuse.** Fliegende Kobolde der Nacht. Kosmos Verlag.

Informatives Buch über heimische und tropische Fledermäuse, in dem Kapitel über Kulturgeschichte und Schutz nicht fehlen. Ein besonderer Reiz dieses Buches liegt in den lebensnahen Zeichnungen, die gleichwertig neben den zahlreichen Fotos des Bandes stehen.

Richarz, Klaus: **Fledermäuse.** Beobachten, erkennen und schützen. Kosmos Verlag.

Taschenbuch mit allgemeinen Informationen und anschaulichen Abbildungen für den Quartierschutz.

Siemers, Björn & Dietmar Nill: **Fledermäuse.** Das Praxisbuch. blv Verlag.

Ein handliches Kompendium, das dem Einsteiger Grundinformationen zur Lebensweise der heimischen Fledermäuse, zu den vorkommenden Arten und ihrem Schutz vermittelt.

Nill, Dietmar & Björn Siemers: **Fledermäuse.** Eine Bildreise in die Nacht. blv Verlag.

Großformatiger Bildband mit erstklassigen und stimmungsvollen Fledermausaufnahmen, bei dem auch die informative Seite nicht zu kurz kommt. Neben den einheimischen Arten werden auch tropische Arten vorgestellt.

Steinbach, Gunter, Klaus Richarz & Michel Barataud: **Geheimnisvolle Fledermäuse.** Beobachten, Ansiedeln, Schützen. Kosmos Verlag.

Vermittelt dem Einsteiger wichtige Grundinformationen zur Lebensweise der heimischen Fledermäuse, zu den vorkommenden Arten und ihrem Schutz. Wer sich mit den Ortungslauten der Fledermäuse befassen will, findet in der beiliegenden CD einen Einstieg.

Dietz, Christian, Otto von Helversen & Dietmar Nill: **Handbuch der Fledermäuse Europas und Nordwestafrikas.** Biologie, Kennzeichen, Gefährdung. Kosmos Verlag, Stuttgart (399 Seiten).

Umfassendes Kompendium zu den europäischen Fledermäusen mit ausführlichem Bestimmungsteil. Allgemein verständlich und fundiert.

Krapp, Franz (Hrsg.): **Die Fledermäuse Europas.** Ein umfassendes Handbuch zur Biologie, Verbreitung und Bestimmung. Aula Verlag.

Die beiden Fledermausbände aus dem Handbuch der Säugetiere Europas in einem Band, erweitert um 16 Farbseiten. Wissenschaftliche Darstellung der Fledermäuse in umfangreichen Artkapiteln für den speziell Interessierten.

Fledermausschutz

Siemers, Björn & Dietmar Nill: **Fledermäuse.** Das Praxisbuch. blv Verlag.

Ein handliches Kompendium, das dem Einsteiger Grundinformationen zur Lebensweise der heimischen Fledermäuse, zu den vorkommenden Arten und ihrem Schutz vermittelt.

Gerlach, Christine & Cornelia Gerlach: **Ein Garten für Fledermäuse.** Herausgegeben vom Jugendverband im Schleswig-Holsteinischen Heimatbund, Molfsee (20 Seiten).

Im Rahmen eines Naturschutzprojektes entstandene Broschüre, die Grundlegendes zur Gestaltung von Gärten für Fledermäuse darstellt.

Dietz, Markus & Marion Weber: **Das Baubuch.** Erstellt am Arbeitskreis Wildbiologie der Universität Gießen im Rahmen eines Erforschungs- und Erprobungsvorhabens.

Sammlung von Bauplänen und Skizzen für den Einbau von Fledermausquartieren an Gebäuden (als Ordner oder CD-ROM).

Evolution und Fledermausfossilien

Habersetzer, Jörg, Nancy Simmons, Kevin Seymour, Greg Gunnell & Evelyn Schlosser-Sturm (2008): **Fledermäuse – Die Evolution des Fluges und der Echoortung.** in: Biologie unserer Zeit, 38(4): Seite 246 – 254.

Artikel über die ältesten bekannten Fledermausfossilien insbesondere im Hinblick auf die Fähigkeit der Ultraschallwahrnehmung.

Fledermauslaute und Echoortung

Achtung: Fledermauslaute eignen sich nicht zum Nebenbeihören und sind nur für diejenigen interessant, die sich mittels Ultraschalldetektoren mit Fledermäusen befassen wollen.

Skiba, Reinald: **Europäische Fledermäuse.** (Die Neue Brehm-Bücherei Band 648). Westarp Wissenschaften.

Kompakte Beschreibung der Merkmale von Fledermäusen. Derzeit die umfassendste Zusammenstellung von Sonargrammen und Beschreibung von Ortungslauten und einigen Soziallauten der heimischen Arten. Für den Beobachter mit Ambitionen zur Bestimmung von Fledermäusen an Hand der Rufe unverzichtbar.

Barataud, Michel: **Balladen aus einer unhörbaren Welt.**

Audio-CD mit Aufnahmen von 27 europäischen Fledermausarten und Heft.

Limpens, Herman & Axel Roschen: **Bestimmung der mitteleuropäischen Fledermausarten anhand ihrer Rufe.**

Audio-CD und Heft.

Pfalzer, Guido: **Inter- und intraspezifische Variabilität der Soziallaute heimischer Fledermausarten (Chiroptera, Vespertilionidae).** Dissertation an der Universität Kaiserslautern. Mensch und Buch Verlag

Wertvoll für alle, die sich speziell mit Lautäußerungen der Fledermäuse befassen.

Steinbach, Gunter, Klaus Richarz & Michel Barataud: **Geheimnisvolle Fledermäuse.** Beobachten, Ansiedeln, Schützen. Kosmos Verlag.

Vermittelt dem Einsteiger wichtige Grundinformationen zur Lebensweise der heimischen Fledermäuse, zu den vorkommenden Arten und ihrem Schutz. Wer sich mit den Ortungslauten der Fledermäuse befassen will, findet in der beiliegenden CD eine Hilfe.

Tupinier, Yves: **Die akustische Welt der europäischen Fledermäuse.**
Von A. Barre ins Deutsche übersetzt erhältlich bei Barre Ultraschall.

Kinderbücher

Grimmberger, Eckhard: **Entdecke die Fledermäuse.** NTV.
Sachbuch für Kinder ab 10, behandelt neben dem Leben, der Gefährdung und dem Schutz heimischer Arten auch die Lebensweise tropischer Arten. Mit Quiz über Fledermäuse auf der letzten Seite.

Haffner, Marianne & Hans-Peter B. Stutz: **Fledermäuse.** Die geheimnisvollen Flugakrobaten. Kinderbuchverlag Luzern.
Sachbuch für ältere Kinder mit schönen und anschaulichen Fotos, das sich auch Erwachsene gerne anschauen.

Küffner, Erika: **Herr Mausohr und seine Verwandten.** Auer Verlag.
Eine Geschichte für Kinder in den Klassenstufen 1 – 6: In den Ferien kommen zwei Stadtkinder mit Fledermäusen in Kontakt und erfahren durch den Sohn der Wirtsleute eine Menge über Fledermäuse.

Richarz, Klaus & Daniela Bühnen: **Eine Fledermaus wird groß.** Kosmos Verlag.
Ein Sachbuch für Kinder, die gerade lesen lernen. Mit wenigen Worten wird der bildlich dargestellte Jahreslauf einer Fledermaus erläutert, zusätzliche Informationen sind in den eingeklappten Seiten zu finden.

Hoffmann, Kai: **Peter-Klaus, die Fledermaus.** Verlag Findling.
Bilderbuch, in dem das Leben heimischer Fledermäuse kindgerecht vorgestellt wird. Leider zur Zeit nur antiquarisch zu haben (etwa ab Vorschulalter).

Cannon, Janell: **Stellaluna.** Carlsen Verlag.
Ein schön gezeichnetes Bilderbuch von einem jungen Flughund, der von seiner Mutter getrennt wird und bei Vögeln im Nest aufwächst. Zeigt für Kinder anschaulich die Unterschiede zwischen einer tropischen Fledertierart und einem Vogel und ist gleichzeitig eine Geschichte vom Anderssein (etwa ab Grundschulalter).

Fachzeitschriften

Nyctalus (Neue Folge)
Die wohl am weitesten verbreitete Fledermauszeitschrift in Deutschland.
Arbeitskreis Fledermäuse Sachsen-Anhalt e. V.
Zechental 1
06536 Südharz OT Stolberg
www.nyctalus.com

Der Flattermann
Mitteilungen der Arbeitsgemeinschaft Fledermausschutz
Baden-Württemberg e. V.
Arbeitsgemeinschaft Fledermausschutz Baden-Württemberg e. V.
Keplerstraße 7
72074 Tübingen
www.agf-bw.de

Myotis
Zoologisches Forschungsmuseum Alexander Koenig
Museumsmeile Bonn
Adenauerallee 160
53113 Bonn
www.zfmk.de

Sonstiges

Ebert, Günter (Hrsg.): **Die Schmetterlinge Baden-Württembergs.**
Band 10 (Ergänzungsband). Verlag Eugen Ulmer, Stuttgart. 426 Seiten.
Enthält eine Auflistung der Futterpflanzen von Schmetterlingen.

Adressen zur weiteren Information

Inzwischen gibt es viele Informationsstellen und umfangreiche Hilfsangebote zu Fledermäusen. Diese können im Folgenden nicht alle vorgestellt werden. Es wurden Adressen ausgewählt, bei denen der Nutzwert hoch ist und außerdem eine längerfristige Gültigkeit der Adresse wahrscheinlich ist. Die Adressen sind als Einstieg zu sehen, über den sich weitere Informationen und auch lokale Ansprechpartner ermitteln lassen.

Eurobats
United Nations Campus
Platz der Vereinten Nationen
53113 Bonn
www.eurobats.org
in englischer Sprache
Eurobats mit Sitz in Bonn entstand aus dem internationalen Abkommen zum Schutz der europäischen Fledermäuse. Neben internationalen rechtlichen Fragen werden dort auch Projekte koordiniert oder initiiert. Beispielsweise wurde die europäische Fledermausnacht von Eurobats ins Leben gerufen. Außerdem veröffentlicht Eurobats Hefte zu Themen des Fledermausschutzes.

Fledermausschutzzentrum des BUND Naturschutzzentrum Westlicher Hegau
www.all-about-bats.net
Internetadresse mit vielen Links zu anderen Fledermausseiten.

NABU Bundesfachausschuss Fledermaus
www.nabu.de/fledermausschutz
Kontakt zum Artenschutzreferenten Fledermäuse beim NABU.

Flederhaus
Arbeitsgemeinschaft Fledermausschutz Baden-Württemberg e. V.
Keplerstraße 7
72074 Tübingen
www.agf-bw.de
Eine Einrichtung der Arbeitsgemeinschaft Fledermausschutz in Baden-Württemberg. Notaufnahme von Fledermäusen, Ausleihmöglichkeit einer Ausstellung und Kontakte für die einzelnen Bundesländer.

Bundesverband für Fledermauskunde Deutschland e. V.
c/o Stiftung Fledermaus
Schmidtstedter Straße 30 a
99084 Erfurt
www.bvfledermaus.de

Noctalis
Fledermaus-Zentrum GmbH
Oberbergstraße 27
23795 Bad Segeberg
www.noctalis.de
Das Noctalis ist ein ungewöhnliches Fledermausmuseum. Es wurde neben der unter anderem als wichtiges Fledermauswinterquartier bekannten Bad Segeberger Höhle neu erbaut. Der Reiz der interessanten und interaktiv konzipierten Ausstellung liegt auch darin, dass ein großer Teil der Ausstellung im Dunkeln liegt und der Besucher sie mit kleinen Taschenlampen erkundet.

Koordinationsstellen für Fledermausschutz in Deutschland
In einigen deutschen Bundesländern gibt es spezielle Koordinationsstellen für Fledermausschutz mit staatlicher Unterstützung oder unter staatlicher Organisation. Sie sind länderweise unterschiedlich organisiert und haben eine unterschiedliche Aufgabenstellung. Meist geht es um die zentrale Erfassung von Fledermausnachweisen sowie um die Koordination der Arbeit des ehrenamtlichen Fledermausschutzes. Daneben kann sich die Bevölkerung in der Regel mit Fragen zu Fledermäusen an diese Stellen wenden.

Aktion »Fledermausfreundliches Haus«
In Deutschland, Österreich und der Schweiz gibt es in vielen Bundesländern die Aktion »Fledermausfreundliches Haus«. Sie ehrt Menschen für ihr Engagement für Fledermäuse an ihren Gebäuden. Die Rahmenbedingungen der Aktion unterscheiden sich nicht nur staatenweise, sondern auch von Bundesland zu Bundesland. So gelten zum Beispiel in Deutschland auf Länderebene sehr unterschiedliche Vergabebedingungen und auch die auszeichnende Institution ist in jedem Bundesland eine andere. Wer sich für die Auszeichnung interessiert, sollte einen lokalen Ansprechpartner für Fledermausschutz kontaktieren.

Koordinationsstelle für Fledermausschutz und -forschung in Österreich
Fritz-Störk-Straße 13
4060 Leonding
www.fledermausschutz.at
Einrichtung zur Förderung des Fledermausschutzes und der Fledermausforschung in Österreich, getragen von einem Verein. Ziel ist auch die Vernetzung der verschiedenen Akteure im Fledermausschutz über Ländergrenzen hinweg.

SSF – Stiftung zum Schutze unserer Fledermäuse in der Schweiz
c/o Zoo Zürich
Zürichbergstrasse 221
8044 Zürich
www.fledermausschutz.ch
Die Stiftung hat sich als Hauptanliegen das Ziel gesetzt, Vorurteile über Fledermäuse abzubauen und für Sympathie zu werben. Sie folgt damit der Vorstellung, dass Menschen Fledermäuse in ihrem Umfeld leichter akzeptieren, wenn ihnen die Tiere sympathisch sind. Hierfür wird Öffentlichkeitsarbeit betrieben, aber auch die Entwicklung und Verbreitung von Materialien für die Öffentlichkeitsarbeit und Fledermausbeobachtung gefördert.
In Zürich befindet sich auch der Hauptsitz der Koordinationsstelle Ost der Stiftung Fledermausschutz. Landesweit gibt es mehrere Koordinationsstellen, die über vorkommende Fledermäuse und den Fledermausschutz informieren sowie beim Fledermausschutz unterstützen.

Verein pro Chiroptera
Verein für Fledermausschutz der Region Basel
c/o Sekretariat
Käppelibodenweg 13
4132 Muttenz
www.fledermaus.ch
Schweizerischer Verein zum Schutz der Fledermäuse. Befasst sich mit dem Schutz der Fledermäuse vor allem in der deutschsprachigen Schweiz. Auf der Internetpräsenz gibt es neben Informationen eine umfangreiche Liste von Kontaktpersonen.

Bezugsquellen für Fledermausartikel

Die folgende Auswahl von Bezugsquellen für Fledermausartikel nennt diejenigen Adressen, bei denen der Autor eigene gute Erfahrungen mit den Produkten oder der Qualität der Dienstleistung hat. Anbieter und Hersteller, die nicht in der Liste erscheinen, sind dem Autor eher nicht bekannt als mit Absicht weggelassen. Bei der Auswahl wurden bevorzugt größere Hersteller und überregionale Anbieter berücksichtigt. Die betreffenden Hersteller verfügen zum Teil über Vertriebspartner in den einzelnen Ländern, die bei speziellem Interesse zu erfragen sind.

Ample, Musikverlag Edition
Untere Bahnhofstraße 58
82110 Germering
www.ample.de
Hersteller einer CD mit Fledermauslauten (siehe auch Seite 148).

Avisoft Bioacoustics
Schönfließer Straße 83
16548 Glienicke
www.avisoft.com
Hersteller computergesteuerter Ultraschall-Aufnahmegeräte und akustischer Analyse-Programme.

Barre Ultraschall
Laarer Straße 318
32051 Herford
www.barre-ultraschall.de
Anbieter von Ultraschalldetektoren, Horchkisten und Zubehör (schwedische, englische und französische Geräte).

Batomania
Bunsenstraße 3
73447 Oberkochen
www.batomania.com
Hersteller von technisch innovativen Horchkisten. Durch günstige Preise für den ehrenamtlichen Bereich interessant.

BUND Naturschutzzentrum Westlicher Hegau
Erwin-Dietrich-Straße 3
78244 Gottmadingen
www.all-about-bats.net
Versandhandel von Artikeln rund um die Fledermaus, Vertrieb des SSF-Ultraschalldetektors in Deutschland, »Fanartikel« wie Kleidung und vieles mehr mit Fledermausmotiven.

BvL von Laar
Gut Klein Görnow
Am Wendeplatz 2/3
19406 Klein Görnow
www.vonlaarmedia.de
Anbieter und Hersteller von Ultraschallwandlern und Zubehör.

ChiroTEC
Hollersgraben 27
35102 Lohra
www.chirotec.de
Herstellung und Betrieb technischer Geräte zur Erfassung von Fledermäusen (Lichtschranken, Infrarot-Video, Fotofallen und mehr).

Dodotronic
www.dodotronic.com
Italienischer Hersteller von Ultraschallmikrophonen zum Anschluss an Smartphone oder Computer.

ecoObs GmbH
Hermann-Kolb-Straße 35 b
90475 Nürnberg
www.ecoobs.de
Hersteller eines technisch aufwendigen Spezialdetektors (Horchkiste) und eines darauf abgestimmten Programms zur automatischen Ruferkennung, Vermessung und Verwaltung.

Elekon AG
Cheerstrasse 16
6014 Luzern
Schweiz
www.batlogger.ch
Hersteller von hochwertigen Ultraschalldetektoren mit Aufzeichnungsfunktion und integriertem GPS-Modul.

Naturschutzbedarf Strobel
Fachhandel und -beratung Fa. Pröhl
Nitschkaer Straße 29/1
04626 Schmölln OT Kummer
www.naturschutzbedarf-strobel.de
Hersteller von Nisthilfen.

Schwegler Vogel- und Naturschutzprodukte GmbH
Heinkelstraße 35
73614 Schorndorf
www.schwegler-natur.de
Hersteller von Nisthilfen,
Vertrieb von Ultraschalldetektoren.

SSF – Stiftung zum Schutze unserer Fledermäuse in der Schweiz
Zürichbergstrasse 221
8044 Zürich
Schweiz
www.fledermausschutz.ch
Diverse Artikel zur Information über Fledermäuse und »Fanartikel«.

Vivara Naturschutzprodukte
Kaiserswerther Straße 115
40880 Ratingen
www.vivara.de
Hersteller von Nisthilfen.

Uwe Westphal:
Das große Buch der Gartenvögel
ISBN: 978-3-89566-375-8

Werner David:
Fertig zum Einzug: Nisthilfen für Wildbienen
ISBN: 978-3-89566-358-1

Uwe Westphal:
Mehr Platz für den Spatz!
ISBN: 978-3-89566-353-6

Wolf Richard Günzel:
Das Insektenhotel
ISBN: 978-3-89566-385-7

Werner David:
Lebensraum Totholz
ISBN: 978-3-89566-270-6

Ulrike Aufderheide:
Tiere pflanzen
ISBN: 978-3-89566-388-8

Sigrid Tinz:
Haufenweise Lebensräume
ISBN: 978-3-89566-389-5

Brigitte Kleinod und
Friedhelm Strickler:
Schön wild!
ISBN: 978-3-89566-367-3

Brigitte Kleinod:
Grüne Wände für Haus und Garten
ISBN: 978-3-89566-339-0

Brigitte Kleinod und Friedhelm Strickler:
Naturnahe Dachbegrünung
ISBN: 978-3-89566-303-1

Agnes Pahler:
Das Kompostbuch
ISBN: 978-3-89566-315-4

Ulrike Aufderheide:
Der sanfte Schnitt
ISBN: 978-3-89566-320-8

Uwe Westphal:
Hecken – Lebensräume in Garten und Landschaft
ISBN: 978-3-89566-296-6

Brigitte Kleinod:
Nachts in meinem Garten
ISBN: 978-3-89566-330-7

Ulrike Aufderheide:
Rasen und Wiesen im naturnahen Garten
ISBN: 978-3-89566-274-4

Michael Altmoos:
Der Moosgarten
ISBN: 978-3-89566-387-1

ISBN: 978-3-89566-311-6

Rheinstraße 35, 64283 Darmstadt
www.pala-verlag.de
2. Auflage 2019

Umschlag- und Innenillustrationen: Margret Schneevoigt

Lektorat: Angelika Eckstein

Satz und Gestaltung: Die Werkstatt Medien-Produktion GmbH
www.werkstatt-verlag.de

Druck und Bindung: Druckhaus Nomos, Sinzheim
www.nomos-druck.de
Printed in Germany

Gedruckt auf
100% Recyclingpapier